AF459277

S
709

LA PHTHIRIOSE

DE LA VIGNE

PAR

L. MANGIN ET P. VIALA

AVEC 5 PLANCHES ET 55 FIGURES DANS LE TEXTE

PARIS
BUREAUX DE LA " REVUE DE VITICULTURE "
5, RUE GAY-LUSSAC, Ve

1903

LA

PHTHIRIOSE

DE LA VIGNE

LA

PHTHIRIOSE

DE LA VIGNE

BIBLIOTHÈQUE NATIONALE
IMPRIMÉS

PAR

L. MANGIN ET P. VIALA

AVEC 5 PLANCHES ET 55 FIGURES DANS LE TEXTE

PARIS

BUREAUX DE LA " REVUE DE VITICULTURE "

5, RUE GAY-LUSSAC, V^e^

1903

LA PHTHIRIOSE

MALADIE DE LA VIGNE

DUE AUX

Dactylopius Vitis et Bornetina Corium.

BIBLIOTHÈQUE NATIONALE
RF

I

INTRODUCTION

Les auteurs anciens (Posidonius, Strabon, Ctésias,...) ont signalé, d'une façon vague dans leurs écrits, la maladie des vignes de la Palestine due à un « ver » parasite des racines (φθείρ, pediculus, vermis), que l'on combattait avec un mélange de bitume de Judée et d'huile, appliqué sur le tronc. On trouve dans la Bible (Deutéronome, chap. XXVIII, verset 39) et dans le Talmud (Talmud Balbi, section Holine), des indications sur le « ver », le *tôla'at*, qui faisait périr les vignes. Les auteurs arabes (Temimi el Mocadessi, *in* Morehed) parlent aussi du bitume tiré de la mer Morte pour combattre le « ver » et l'empêcher d'atteindre les bourgeons.

Sans insister sur les textes que nous discuterons à la fin de notre Mémoire, nous dirons seulement qu'au début de la crise phylloxérique, quelques auteurs crurent que le *tôla'at* (transcrit parfois en caractères latins *Tholea* ou *Tholaath*) de la Bible n'était que le Phylloxéra dont la nocuité, éteinte pendant des siècles, se réveillait soudain en Europe. Les travaux de Lichtenstein, J.-E. Planchon, Riley, prouvaient facilement que le *Phylloxera vastatrix* était une importation des États-Unis d'Amérique, d'où il était originaire. Les discussions historiques de J.-E. Planchon (1), provoquées par un article du journal d'Athènes, ἡ 'Εκλεκτική, dû à Koressios (2), et basées sur des textes notés par Walckenaër (3), les observations alors récentes de A. Nedzelsky (4) sur la vie accidentellement souterraine en Crimée de la Cochenille blanche qu'il avait spécifiée (*Coccus Vitis*

(1) La Phthiriose ou pédiculaire des racines chez les anciens et les Cochenilles de la vigne chez les modernes (*Bulletin de la Société des agriculteurs de France*, t. II, 1870, p. 267).

(2) *Bulletin de la Société des agriculteurs de France*, t. II, 1870, p. 195.

(3) Recherches sur les insectes nuisibles à la vigne connus des anciens et des modernes *Annales de la Société entomologique de France*, 1835 et 1836).

(4) Zemledièltscheskaïa Gazeta (*Gazette agricole russe*, n°s 2 et 3, 1869 et analyse *in Bull. Soc. Ag. Franc.*, 1870, t. II, p. 67).

Nedzelsky), permettaient de penser que le « ver » des auteurs grecs et latins était bien le *Dactylopius Vitis*. La Phthiriose de Strabon (φθειρίωσις), d'après ce que l'on connaissait par les seules indications de Nedzelsky sur la vie accidentelle et très rare des *Dactylopius* sur les racines, ne paraissait pas être le fléau redoutable auquel fait allusion la Bible. Les textes du Deutéronome et du Talmud ne permettent pas cependant de douter de la gravité de la maladie.

La Phthiriose est à nouveau constatée en Palestine, dans les régions de Caïffa et de Jaffa, où elle produit des dégâts aussi grands que ceux que semblent indiquer les textes sacrés. Mais sa nature est complexe ; ce n'est pas le « ver » de la Bible, le *tôla'at*, qui provoque seul la mort des vignes. La cause de la Phthiriose est due à l'association, presque une symbiose, sur les racines de la vigne, de la Cochenille blanche, *Dactylopius Vitis* Nedzelsky, et d'un Champignon, le *Bornetina Corium* Mangin et Viala. Cette maladie si particulière constitue un cas jusqu'ici unique en pathologie végétale, que nos recherches, poursuivies depuis 1899, nous ont permis de définir.

La Phthiriose tue les vignes et s'étend dans le vignoble par taches concentriques comme le fait le Phylloxéra. Le *Dactylopius Vitis* ou Cochenille blanche (le φθείρ de la vigne de Strabon) vit en Palestine, par suite des conditions climatériques, dans le sol et sur les racines qu'il pique en dégorgeant des quantités considérables de sève. Mais ces piqûres, comme celles que la Cochenille fait sur les autres organes de la plante, sur les rameaux, provoqueraient rarement l'affaiblissement des ceps. Un Champignon, le *Bornetina Corium*, se développe aux dépens de la sève dégorgée par les Cochenilles et forme, par son mycélium, d'une organisation histologique très particulière, un manchon qui a la consistance du cuir ou du caoutchouc ; ce manchon enveloppe les racines, sans jamais les pénétrer, d'un véritable fourreau dans l'intérieur duquel circulent les Cochenilles protégées par le cuir mycélien. Cette sorte d'association symbiotique du Champignon et de la Cochenille détermine l'asphyxie et la mort des racines. Alors, le mycélium fructifie, et les Cochenilles émigrent sur de nouvelles racines où elles emportent, sur leurs ornements, les spores du *B. Corium* ; celui-ci ne tarde pas à désagréger son mycélium. Le *D. Vitis* vivant seul sur les racines ne causerait pas l'anéantissement des vignobles ; l'étude détaillée que nous allons faire de la Phthiriose le montrera d'ailleurs. Elle expliquera aussi comment les traitements au sulfure de carbone sont efficaces contre la maladie en détruisant la Cochenille, et par suite le *B. Corium* qui ne vit que par elle, au moment où le Dactylopius n'est pas encore à l'abri de sa gaîne mycélienne protectrice.

C'est en 1899 que M. J. Niégo, constatant la mort des ceps dans le vignoble de Mikweh-Israel, près Jaffa (Palestine), nous adressait les premiers échantillons de la maladie pour que nous en déterminions la cause. La présence des Cochenilles fut facilement constatée, et M. A. Giard, professeur à la Sorbonne, les rapportait au *Dactylopius Vitis* Nedzelsky. Mais la gangue terreuse agglomérée qui entourait les organes souterrains de la vigne nous laissait, à cause de la grande difficulté de son étude, fort longtemps perplexes. Ce n'est que lorsque nous fûmes parvenus à isoler et à cultiver le champignon, le *Bornetina Corium*, que la précision de la cause réelle, si complexe et aussi si curieuse, de la maladie fut possible. Dès lors, M. J. Niégo nous envoya, pendant quatre années successives, des échantillons de racines et de souches à toutes les époques de la végétation; c'est grâce à son concours continu et dévoué, grâce aussi aux résultats des cultures artificielles obtenues au laboratoire, que nous avons pu élucider les diverses phases de cette maladie si spéciale.

La Cochenille blanche a un habitat relativement très étendu sur tous les bords du bassin de la Méditerranée, de l'Archipel, de la mer Noire et du sud de l'océan Atlantique, en somme dans toutes les régions chaudes de la culture de la vigne. Les études faites sur place dans le midi de la France, en Tunisie et en Portugal, ont permis de résoudre des questions importantes relatives à la vie du *Dactylopius Vitis* sur les divers organes de la vigne et à l'influence des climats. L'aide que nous a prêtée M. Guignard, viticulteur au domaine de Marquey, près Tunis, nous a aussi facilité nos recherches.

EXPLICATION DE LA PLANCHE I

Fig. 1. — Racine d'un an avec grande gaîne mycélienne du *B. Corium*, ouverte pour montrer les dimensions relatives de la racine et du cuir.

Fig. 2. — Grosse racine entièrement recouverte par le feutrage mycélien du *B. Corium*, qui s'étend aussi sur les racines latérales.

Fig. 3. — Fragment de racine d'un an avec sa gaîne mycélienne fendue et entr'ouverte.

Fig. 4. — Radicelle portant, sur une partie isolée, le mycélium feutré du *B. Corium*.

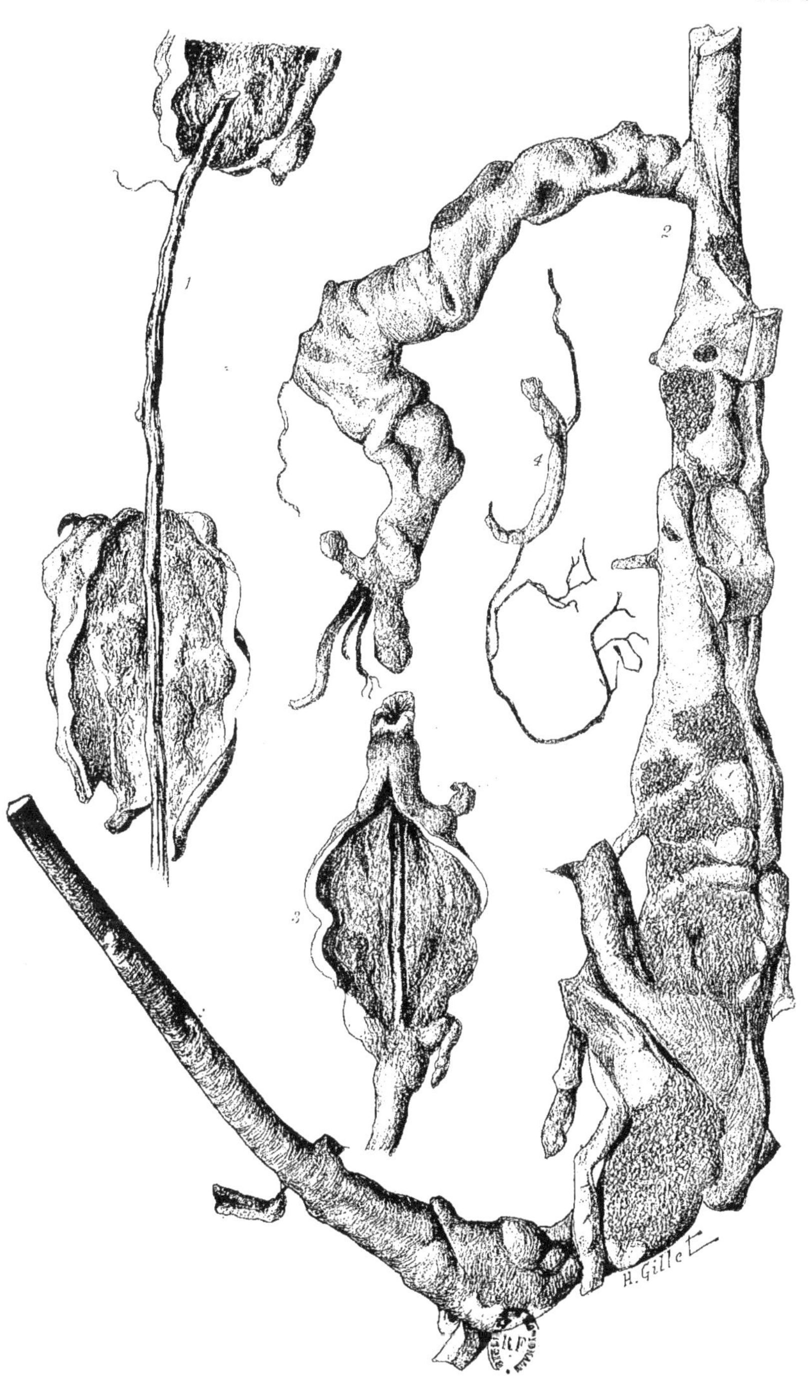

Phthiriose de la Vigne

II

CARACTÈRES DE LA PHTHIRIOSE

La Phthiriose, — *Maladie pédiculaire, Maladie de Jaffa* ou *Maladie de Palestine*, — se manifeste dans un vignoble par des phénomènes de végétation analogues à ceux produits par le *Phylloxera*, le *Cœpophagus echinopus*, ou le *Pourridié*. La maladie procède par taches plus ou moins concentriques qui s'irradient peu à peu autour des foyers primitifs. La « tache d'huile » se forme lentement, plus lentement que pour le Phylloxéra; on ne constate pas les extensions rapides notées, pendant la crise phylloxérique, dans le midi de la France ou dans les Charentes, de 1874 à 1878. Le rabougrissement général de la plante attaquée est cependant plutôt brusque dans ses premières manifestations, mais il ne s'accentue, les années suivantes, que progressivement; il aboutit toujours fatalement à la mort du végétal, qui a lieu au plus tôt vers la 4e ou 5e année, le plus souvent seulement à la 6e ou 7e année. Dans les vignobles de Jaffa, M. J. Niégo a noté le mal en 1898, mais, d'après les renseignements qu'il a recueillis, il estime que les premières manifestations des quatre taches qu'il observait alors sur quatre parcelles s'étaient produites vers 1888, depuis une dizaine d'années. L'extension de ces taches a été en s'accentuant lentement d'année en année et les pieds mourants s'étagent en cercles concentriques autour des premiers foyers d'invasion dont tous les ceps sont morts.

Notons, dès maintenant, que dans quelques parcelles phthiriosées, on eut l'intention de limiter les taches, pour s'opposer à l'extension du mal, en creusant, comme on le fait avec succès pour le Pourridié (*Dematophora necatrix* et *Agaricus melleus*), un large et profond fossé circulaire. La maladie n'en continua pas moins à s'irradier au pourtour de la tranchée, sans différence aucune avec les autres parcelles envahies et non cernées par un fossé; les mœurs de la Cochenille qui est vagabonde, et qui emporte elle-même ou par les Fourmis qui la suivent les spores du *Bornetina Corium*, nous expliqueront l'insuccès de ce traitement préventif.

Caractères des ceps phthiriosés. — La piqûre des Cochenilles qui fait dégorger des racines de grandes quantités de liquide, le feutrage mycélien du *B. Corium* qui asphyxie ces organes en les enveloppant d'un manchon imperméable sont la cause directe de la mort des plantes. Les organes extérieurs de la vigne, rameaux, feuilles et fruits présentent, pendant les années qui précèdent la mort des ceps, des caractères végétatifs qui sont le résultat de l'asphyxie des racines et qui rappellent assez l'aspect des ceps phylloxérés ou plutôt des vignes détruites par le *Cœpophagus echinopus*. Ces caractères diffèrent de ceux que produit la Cochenille blanche quand elle a une vie exclusivement aérienne.

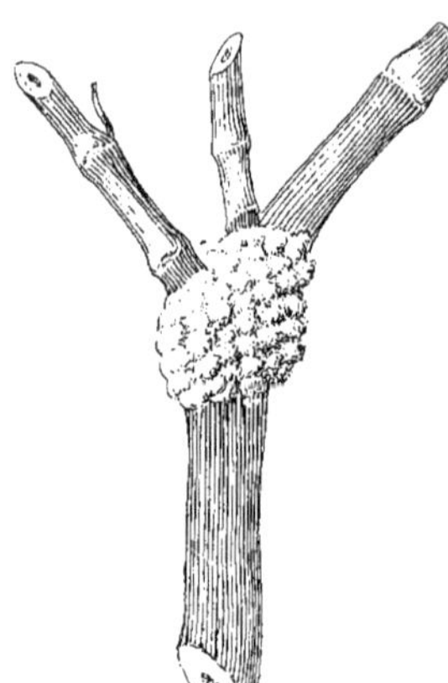

Fig. 1. — *Dactylopius Vitis* de Tunisie : Cochenilles agglomérées à la base des ramifications d'un rameau.

Les souches prennent, dès la première année, un aspect buissonnant par arrêt ou diminution dans l'élongation des rameaux; mais il ne se produit pas plus de rameaux secondaires ou tertiaires que dans les conditions normales, contrairement à ce qui a lieu pour le Phylloxéra. L'ensemble des sarments pousse mal; leur diamètre est plus faible, ils sont minces, comme rétrécis. Le rabougrissement et la faiblesse du diamètre s'accentuent d'année en année, les mérithalles sont plus courts, et, par suite, les nœuds plus rapprochés. Mais, ce qui est le plus caractéristique, c'est que l'aoûtement se produit d'une façon imparfaite, et que partie ou totalité même des rameaux se dessèche pendant l'été. Cette dessiccation estivale rappelle plutôt la Chlorose que le Phylloxéra.

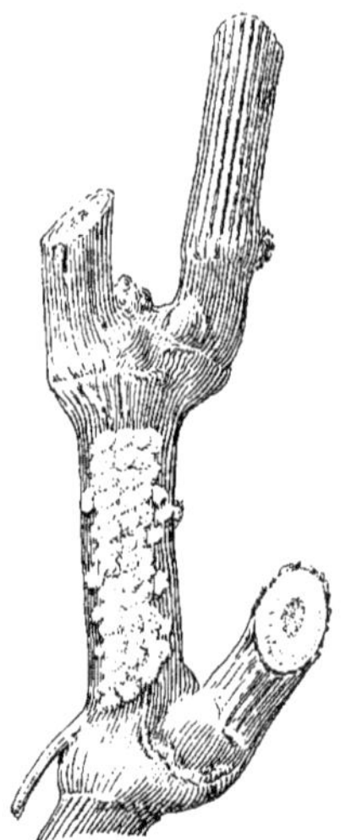

Fig. 2. — *Dactylopius Vitis* de Tunisie : Cochenilles sur un mérithalle.

Les feuilles deviennent plus petites, leur limbe est plus mince, plus tourmenté, définitivement tordu, comme cloqué; il se dessèche en été sur les bords, aux premières années d'invasion, et sur toute sa surface, avant la mort de la plante. Dans les terrains calcaires, les feuilles sont d'un vert pâle d'abord, jaunâtres ensuite avec tous les caractères du cottis. Le bois du tronc, des bras, des coursons et des rameaux est plus ou moins zoné de noir avec dépôts gommeux, nombreuses thylles dans les vaisseaux, et gros grains d'amidon dans le tissu conjonctif; il y a aussi accumulation de raphides dans les feuilles.

Au printemps, le débourrement se produit très mal sur les plantes malades. Le départ des yeux est très irrégulier sur un même bois de taille, mais surtout très inégal quand on le suit sur les divers bras ou coursons d'une même souche. Cet aspect irrégulier de la première pousse des ceps phthiriosés constitue peut-être un des caractères les plus marqués des effets de la maladie.

Fig. 3. — *Dactylopius Vitis* de Tunisie : Cochenilles agglomérées à l'insertion d'un rameau sur le courson.

Caractères des ceps dactylopiés. — Tout différents sont les caractères des vignes que le *Dactylopius Vitis* attaque dans sa vie exclusivement aérienne, comme il le fait, le plus souvent, — et nous reviendrons sur cette particularité, — ailleurs qu'en Palestine. Tel est le cas pour la Tunisie, le Portugal et le midi de la France, où nous avons surtout suivi les invasions de la Cochenille blanche. En vivant seulement sur les rameaux, les feuilles et les fruits, sans descendre aux racines, comme dans l'Asie occidentale, l'insecte pique les organes herbacés, rarement les rameaux déjà aoûtés. Il fait dégorger des quantités de liquide tellement considérables que le sol, sous les souches qui sont fortement envahies, paraît, aux périodes les plus sèches et dans les milieux les plus arides, comme abondamment arrosé; ce phénomène est surtout accentué à la période qui précède la véraison des fruits. Nous avons constaté ce fait aux environs de Tunis, dans des vignobles où l'insecte était disséminé irrégulièrement sur plusieurs souches. La présence du *D. Vitis* était toujours annoncée par les taches humides délimitant la projection des ceps sur le sol desséché au pourtour; même fait a été noté par nous dans des vignes des environs de Lisbonne.

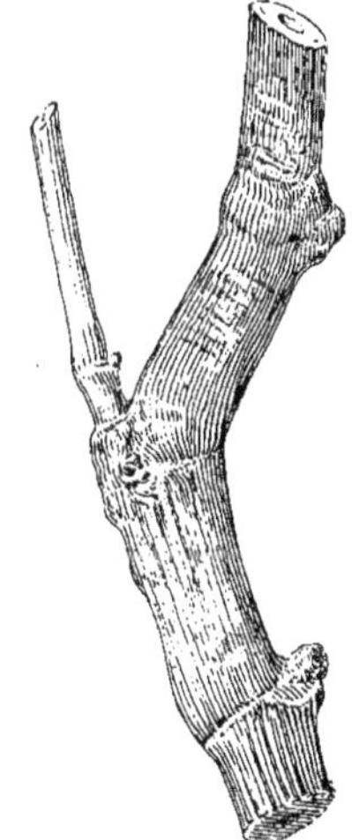

Fig. 4. — Sarment éraillé sur le mérithalle par les piqûres des Cochenilles du *Dactylopius Vitis* de Tunisie.

Ce phénomène d'écoulement considérable des liquides du végétal par les piqûres de la Cochenille sur les rameaux est très frappant; il doit être identique en Palestine quand les Cochenilles vivent sur les racines. On ne l'a pas constaté au pourtour des racines phthiriosées, sauf lorsque l'on a pu saisir parfois les premières attaques de l'insecte, avant que le feutrage mycélien du *Bornetina Corium* fût formé; le liquide dégorgé des racines par le Dactylopius est bientôt arrêté par le feutrage du Champignon qu'il alimente.

Le *D. Vitis*, contrairement par exemple au *Pulvinaria Vitis*, — la Cochenille de la vigne la plus fréquente et celle qui produit le plus de dégâts en France, — est mobile et se déplace facilement sur les rameaux, les feuilles ou les fruits, de même que sur les racines quand il vit, en Palestine, dans le sol; le mot hébreu de *tôla'at* s'applique à un ver qui remue. Le *Pulvinaria Vitis* (Fig. 8) reste fixé surtout sur les rameaux; les nombreuses carapaces des femelles, d'un brun sale, forment, le plus souvent, une gaîne autour des sarments; les pontes sont abritées dans des amas cireux recouverts par la coque. Ce n'est qu'au printemps, au moment où les jeunes Pulvinaria sortent des coques que les filaments floconneux (Fig. 9) paraissent très abondants; ces jeunes émigrent sur les nouveaux rameaux et s'y fixent bientôt. Les Pulvinaria passent l'hiver aussi bien à la base des sarments que sur les mérithalles, protégés par les coques qui recouvrent les dernières pontes.

Les Dactylopius sont, par contre, mobiles pendant toute leur existence et à toutes les générations. M. V. Mayet (1) a observé deux générations de *D. Vitis*, en vie aérienne, aux environs de Montpellier. Nous avons pu, d'après les indications qui nous ont été données et les envois qui nous ont été faits, noter jusqu'à trois et probablement quatre générations pour la Tunisie. En Palestine, les générations souterraines de la Cochenille blanche nous paraissent bien plus nombreuses encore, car dans les nombreux cas de ceps phthiriosés que nous avons régulièrement reçus de février à décembre, pendant trois années, nous avons toujours trouvé des œufs et des jeunes à tous les états de développement. Nous estimons, sans pouvoir cependant le préciser, que les générations du *D. Vitis* sur les racines, sous le cuir feutré du *B. Corium*, dépassent quatre ou cinq générations annuelles. La mobilité des Cochenilles souterraines est encore plus grande que lorsqu'elles vivent sur les rameaux.

En Tunisie, en Portugal, on voit les Dactylopius se déplacer facilement, quoique assez lentement, sur tous les organes extérieurs de la vigne. Mais ils restent toujours un certain temps fixés et agglomérés aux points qu'ils piquent, tranchant par leur aspect blanc farineux sur le fond vert des rameaux, des feuilles ou des fruits. Ils ne sont isolés ou groupés par trois ou quatre au plus que sur les fruits (Fig. 7) ou sur les feuilles (Fig. 6). Sur les rameaux, ils sont toujours réunis en grand nombre (Fig. 1, 2, 3) et le plus souvent étroitement serrés. On les trouve sans doute en plein méri-

(1) *Les Insectes de la vigne*, 1890.

thalle (Fig. 2), mais ils sont surtout fréquents aux nœuds, principalement sur ceux qui partent des ramifications (Fig. 1); ils entourent le nœud d'une couronne blanchâtre assez régulière. Mais ces couronnes de Dactylopius sont encore plus fréquentes à la base d'insertion des rameaux principaux du courson (Fig. 3); on voit même parfois deux ou trois rameaux sortir d'une masse compacte et blanchâtre formée par les Cochenilles grouillantes.

En se déplaçant et en piquant sur de nombreux points des sarments herbacés, les Dactylopius font dégorger, ainsi que nous le disions, des quantités considérables de liquide. Il semble que leur suçoir forme siphon direct avec les vaisseaux où se produit l'ascension des liquides absorbés par la plante dans le sol. Quand les insectes ont émigré des parties du mérithalle où ils ont vécu agglomérés, celui-ci (Fig. 4 et 5) paraît, quand il est aoûté, comme finement et irrégulièrement éraillé. Mais il ne se produit aucune prolifération des tissus, même sur les plus jeunes rameaux au début de la végétation; c'est un fait à noter. Sur les rameaux verts, les éraillures, d'un jaune sale, tranchent davantage que sur les sarments aoûtés.

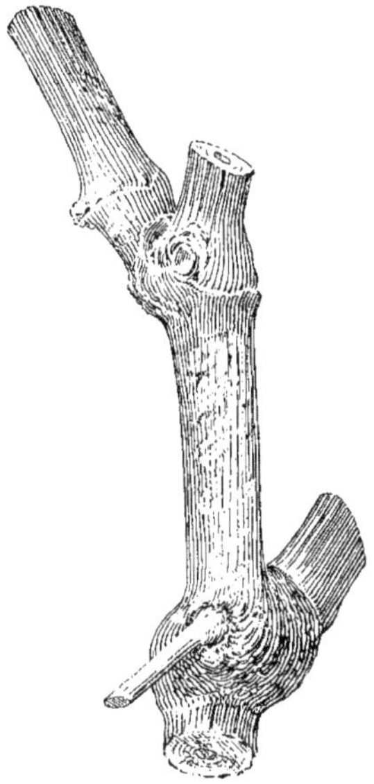

Fig. 5. — Base d'un sarment éraillé sur tout le mérithalle par les piqûres du *Dactylopius Vitis* de Tunisie.

A la base des coursons (Fig. 3), sur la couronne bombée où s'accumulent surtout les insectes, les éraillures sont peu visibles, mais, par contre, cette couronne grossit et présente de nombreuses bosselures, comme si les bourgeons adventifs, si fréquents en cette région, se multipliaient et entraînaient une prolifération des tissus sous-jacents. Le grossissement n'affecte que la base d'empâtement qui paraît parfois deux ou trois fois plus forte et plus bosselée qu'à l'état normal. C'est sur ce point que le dégorgement des liquides est surtout intense.

Les ramifications et surtout les rameaux adventifs de la couronne sont plus nombreux que dans les conditions de végétation régulière. Ces rameaux restent courts, minces, et se dessèchent, en noircissant, pendant l'été. Les sarments principaux arrivent cependant à l'aoûtement; ils sont plus courts, peu ramifiés et impriment aux bras de la souche, les plus envahis à la base d'insertion des coursons, un aspect un peu buissonnant. Mais on ne constate pas, comme dans le cas de la Palestine quand les *D. Vitis* et *B. Corium* tuent les racines, le dessèchement estival des sarments principaux et le rabougrissement intense sous forme de Cottis caractéristique de la Phthiriose.

Dans sa vie aérienne, le *D. Vitis*, vers les mois d'août et de septembre, peu avant ou après la véraison, se dissémine beaucoup plus sur les feuilles et sur les fruits. Sur les feuilles (Fig. 6) il est plus vagabond que sur les autres parties du végétal; il se déplace lentement, mais constamment. Les Cochenilles sont fixées d'abord entre les nervures, en groupes de quatre ou cinq, de deux ou trois; puis elles voyagent sur tout le limbe à la face inférieure aussi bien qu'à la face supérieure où elles sont plus souvent isolées que groupées.

Sur les fruits avant véraison, les Dactylopius sont d'abord réunis sur les pédicelles et sur la rafle; puis, ils émigrent sur le grain à son insertion sur le bourrelet, enfin, mais toujours en petit nombre, sur le grain même (Fig. 7), vers sa base.

L'exsudation des liquides séveux sur les feuilles est moins abondante que sur les rameaux; elle reste cependant importante. En outre, ces liquides sont moins aqueux, moins fluides, plus consistants, ils coulent peu sur le sol et se diffusent sur le limbe; il en est de même pour le fruit. La diffusion et la dessiccation assez rapide de ces liquides, sous les climats chauds de la Tunisie et du Portugal, laisse un résidu qui donne aux feuilles dactylopiées un aspect très particulier; on dirait qu'elles sont recouvertes d'un vernis luisant, surtout à la face supérieure du limbe, vernis sur lequel cheminent les insectes. Quand la souche est très envahie par les Cochenilles, tous les organes, rameaux, feuilles, fruits, sont, en août et septembre, comme vernissés et poisseux. Les Fourmis, qui étaient plutôt rares à côté des Dactylopius sur les jeunes rameaux, sont alors très nombreuses et leurs colonies sont très actives dans leurs migrations rapides des vignes aux fourmilières.

La Fumagine est toujours concomitante, en France, des diverses Cochenilles, aussi bien des *Pulvinaria*, des *Lecanium* et des *Aspidiotus* que des *Dactylopius*. C'est elle, d'ailleurs, qui, dans nos vignobles, est la principale cause du mal que produisent indirectement ces Cochenilles en donnant au Champignon du Noir les éléments nécessaires à son développement. Mais ce Champignon (*Meliola*, etc...) ne sert à rien aux insectes, qui abandonnent même (les Dactylopius surtout) les organes noircis par la Fumagine quand celle-ci est intense. En Tunisie, on ne constate qu'exceptionnellement la Fumagine avant les vendanges; on l'observe cependant parfois après, en octobre. M. Guignard nous écrit qu'il n'en a pas trouvé en 1901 et 1902, qui ont été des années exceptionnellement sèches. Et, en effet, c'est surtout les années à humidité relative que la Fumagine est particulièrement abondante, même avant la véraison, dans le vignoble français. Nedzelsky ne paraît pas avoir noté la Fumagine en Crimée, pendant la grande invasion de 1868, quand les insectes sont en partie descendus aux racines. En Palestine, M. J. Niégo n'a jamais trouvé de Fumagine sur les organes extérieurs des vignes phthiriosées, ce qui, dans ce dernier cas, ne serait d'ailleurs pas surprenant puisque le Champignon du Noir vit aux dépens des matières sucrées de la Cochenille ou des liquides séveux qu'elle dégorge de la plante.

Ces diverses observations amènent, nous semble-t-il, une conclusion très nette et importante. La différence d'intensité dans le développement de la Fumagine suivant les diverses régions (France où elle est constante,

Fig. 6 — Feuille de vigne avec *Dactylopius Vitis* sur la face inférieure.

Tunisie où elle est rare, sauf en septembre les années humides, Portugal où nous ne l'avons pas observée en 1902, Crimée où elle ne paraît pas exister les années sèches, 1868), tient seulement au milieu climatérique. Un certain état hygrométrique de l'air est nécessaire pour que la Fumagine se développe; c'est pour cela qu'elle est plus abondante en septembre et en octobre, en Tunisie aussi bien d'ailleurs qu'en France. Avec un climat très chaud et très sec, elle ne se développe pas, et si la sécheresse est extrême, le *D. Vitis* lui-même émigre, ainsi que nous le verrons, aux racines dans le sol.

Résistance des cépages. — Nous n'avons pu noter de différences de résistance des divers cépages attaqués par la Cochenille blanche dans sa vie aérienne. Cependant, le Carignan nous a paru, dans le vignoble tunisien, particulièrement préféré. Nedzelsky avait signalé, comme plus spécialement attaqués sur les organes extérieurs en 1868, les Riesling, Tokai (Furmint?), Sauterne (Sauvignon blanc?), Muscat d'Alexandrie, Pinot blanc (Chardonnay?), etc.

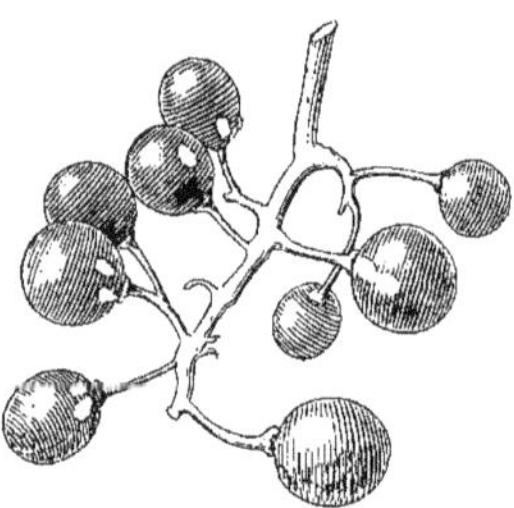

Fig. 7. — *Dactylopius Vitis* de Tunisie : Cochenilles sur raisin.

La différence de résistance des divers cépages au Dactylopius radicicole de Palestine a une tout autre importance, puisque ce n'est plus une perte de récolte ou un rabougrissement plus ou moins accentué qui en résultent, mais bien la mort des plantes. M. J. Niégo a fait, sur notre demande, des observations comparatives. Il a bien voulu rechercher encore si les différences de résistance qu'opposent les vignes américaines et les vignes françaises au Phylloxéra se retrouvaient dans le même sens pour la Phthiriose. Comme le *B. Corium* ne vient que là où le *D. Vitis* pique les racines, c'est évidemment la résistance à ce dernier qui est seule en cause. Quoique les observations faites par M. J. Niégo ne soient pas encore très nombreuses, il a pu cependant noter que les vignes qui appartiennent au *V. Vinifera*, cépages français (Cabernets, Merlots, cépages méridionaux de France) ou asiatiques (Hebron, Coudsi, Djendalli, Zitania...) sont également déprimés par la Phthiriose. Les vignobles de Jaffa ont été, en grande partie, détruits depuis plusieurs années par le Phylloxéra et la reconstitution y a été entreprise avec les principales vignes américaines résistantes. Mais la valeur de résistance des porte-greffes américains au Phylloxéra ne paraît pas devoir se maintenir pour le *D. Vitis*. M. J. Niégo a, en effet, constaté que la Phthiriose existait sur les Riparias, sur l'Aramon × Rupestris Ganzin n° 1, et que ces porte-greffes en souffraient presque autant que les vignes françaises; seuls les Rupestris purs (espèce qui craint le moins la sécheresse) paraissaient avoir une résistance relative. Ce sont là de simples indications qui demandent évidemment à être contrôlées et étendues.

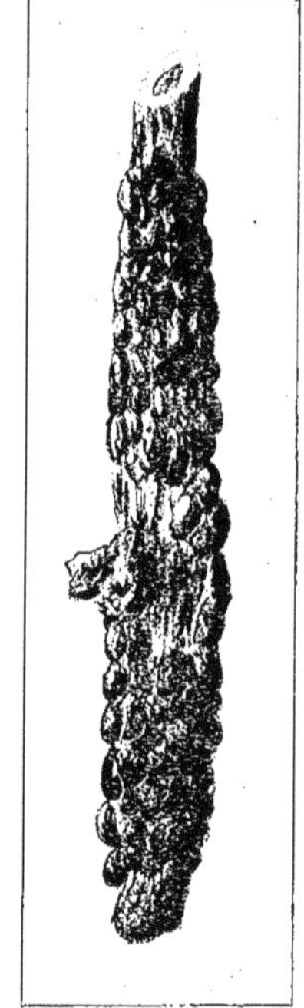

Fig. 8. — *Pulvinaria Vitis* : Cochenilles, sur rameau de vigne, à l'état hibernant.

EXPLICATION DE LA PLANCHE II

FIG. 1. — Partie souterraine d'un gros tronc de vigne phthiriosée; la grosse gaîne mycélienne *c*, *c*, *c*, recouvre entièrement la souche *a*, et s'étend sur les racines principales *r*, *r*.

FIG. 2 et 3. — Jeunes racines *a*, *a*, *a*, recouvertes en *b*, *b*, par des gaînes mycéliennes étroites, et en *c*, *c*, par de grosses masses mycéliennes, emprisonnant de nombreuses Cochenilles.

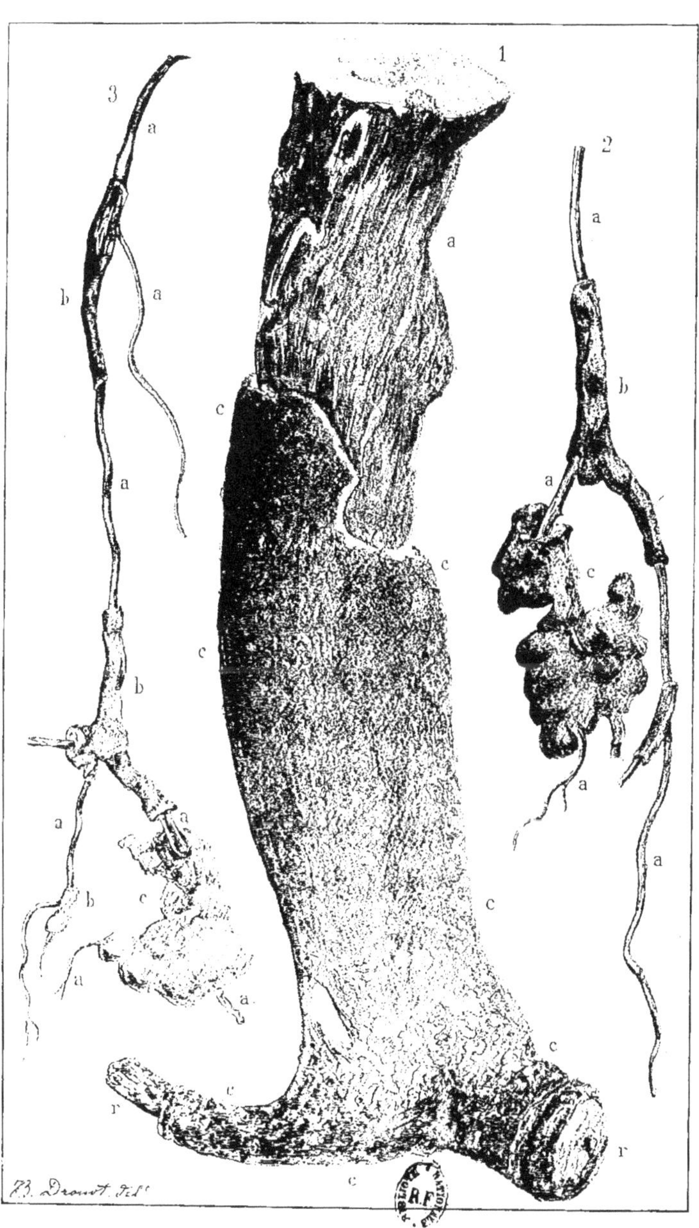

BIBLIOTHÈQUE NATIONALE R.F.

Phthiriose de la Vigne

Influence du terrain. — La Phthiriose a, en Palestine, une intensité variable suivant la nature du terrain. La charpente géologique de la Palestine est formée par des gneiss, des granites, des grès nubiens et des roches du crétacé inférieur coupées par des basaltes. Les sols qui en résultent, variables de composition et de richesse, sont toujours caractérisés par leur extrême sécheresse et le plus souvent par leur légèreté. Les terres sableuses, provenant de la décomposition des roches anciennes, à particules fines et à teinte plus ou moins rougeâtre, ou les sols à sables calcaires fins et grisâtres sont fréquents. Les terres silico-argileuses, silico-calcaires, ou calcaréo-argileuses, sont aussi assez étendues; mais les sols compacts et argileux sont plus rares. Ce sont donc, dans la plupart des cas, des sols plutôt sablonneux ou légers, toujours très secs et souvent arides; les terres compactes et un peu fraîches, rarement un peu humides, sont l'exception.

Fig. 9. — *Pulvinaria Vitis*, au moment où les jeunes sortent des coques.

M. Coudon, qui a analysé, à l'Institut agronomique, une des terres sableuses, à éléments rougeâtres, a trouvé la composition suivante pour 1.000 :

Éléments grossiers :	
Sable siliceux....	827,5
Sable calcaire....	3
Éléments fins :	
Sable siliceux.....	141,3
Sable calcaire.....	3,2
Argile...........	19,8
Humus..	5,2
Azote %............	0,74
Acide phosphorique %	0,36

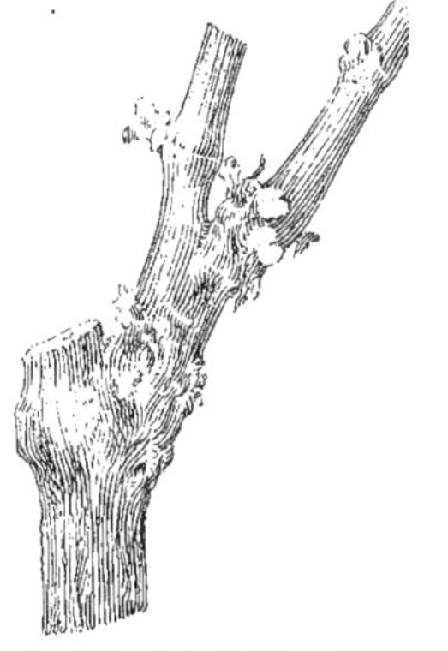

Fig. 10. — *Dactylopius Vitis* de Jaffa, provenant de racines avec feutrage, mises, à Paris, au pied d'une vigne sur les rameaux de laquelle sont montées ensuite les Cochenilles.

Les *D. Vitis* et *B. Corium* se multiplient et sont surtout fréquents dans ces sols légers et secs; c'est là que la maladie est la plus intense. M. J. Niégo n'a jamais observé la Phthiriose dans les terres fortes argileuses, surtout quand elles sont humides; il l'a trouvée cependant dans des terres franches, un peu fraîches, mais exceptionnellement et avec une intensité moindre. Il semble bien que ce sont les terres sableuses calcaires et sèches qui sont les plus favorables, avec les terres siliceuses légères, à la vie symbiotique de ces deux espèces. Ces propriétés physiques du sol qui paraissent nécessaires à leur développement correspondent d'ailleurs à celles du climat.

Fig. 11. — Racine avec gaine feutrée du *Bornetina Corium* (grandeur naturelle).

Influence du climat sur le D. Vitis et la Phthiriose. — Le *Dactylopius Vitis* est une espèce méridionale; il habite les bassins de la mer Méditerranée, de la mer Noire, de la mer Caspienne et le sud européen de l'océan Atlantique. Il a été observé, en France, dans les départements méditerranéens et en Gironde; en Grèce, dans les îles de la mer Égée et de la mer Ionienne; sur les bords de l'Adriatique, en Italie; en Turquie d'Europe, dans les Balkans (Bulgarie, Roumanie), à Chypre, en Syrie, en Palestine, dans le Caucase, la Crimée et la Bessarabie, en Algérie, en Tunisie et en Egypte, et aussi au Chili. Il ne s'éloigne jamais beaucoup des régions qui subissent l'influence des mers et qui en sont riveraines. Loin du climat maritime, il disparaît, même dans les pays où il est le plus répandu. C'est surtout en Orient que cette espèce est particulièrement fréquente.

Ainsi que nous le verrons dans l'étude biologique du *D. Vitis*, c'est toujours la même espèce de Cochenille qui vit dans ces divers pays; il n'y a non seulement pas de différence spécifique, mais pas même, ce qu'on pourrait à la rigueur admettre, de différence de race. Et cependant, un fait biologique important domine, dans son ensemble, la vie du *D. Vitis* suivant les régions qu'il habite.

En Orient, en Palestine du moins, la vie de la Cochenille blanche est exclusivement aérienne; partout ailleurs elle vit, au contraire, d'une façon qu'on peut considérer comme constante, sur les organes extérieurs de la plante attaquée. M. J. Niégo a suivi pour nous, avec grand soin, à toute époque de végétation, pendant ces trois dernières années, les vignobles envahis par la Phthiriose; il a fait ou fait faire par les ouvriers des recherches très attentives. Les Cochenilles étaient toujours très abondantes sur les racines; bien plus, il les a toujours trouvées, dans la région de Jaffa, mobiles à toutes les périodes de l'année, même en hiver (période des pluies); larves et insectes étaient toujours mélangés dans les divers envois qu'il nous a faits à toute époque. Les recherches les plus minutieuses ne lui ont permis de trouver les insectes sur les organes extérieurs que deux fois, et toujours en petit nombre sur les grappes, par conséquent à la fin de la végétation. Il les a cependant notés en vie aérienne, et c'est un fait important à retenir. Il paraît bien, d'ailleurs, ainsi que nous le verrons par l'étude des textes anciens, que cette Cochenille était jadis plus fréquente sur les fruits et aussi les rameaux.

L'insecte étant le même que celui des régions où il n'a qu'une vie aérienne, jamais souterraine, on pourrait évidemment se demander s'il n'y a pas là un cas d'adaptation à une vie nouvelle. Cette explication a été donnée par Balbiani pour la forme radicicole du Phylloxéra de la vigne, comparé au Phylloxéra du chêne qui n'a que des formes aériennes et qui vit seulement sur les feuilles persistantes de cet arbre. La vie souterraine du *D. Vitis* n'est pas liée au cycle biologique du développement spécifique; elle est le résultat, pour ainsi dire accidentel, des conditions du milieu climatérique.

La vie souterraine de la Cochenille blanche a été constatée pour la première fois par A. Nedzelsky dans la Crimée méridionale (1) en 1868 qui fut une année exceptionnellement sèche. Contrairement à ce que pensait J.-E. Planchon, le mémoire original de A. Nedzelsky cite la vie souterraine du *D. Vitis* comme accidentelle et n'y insiste pas d'une façon spéciale; les diverses figures de son article semblent même négliger, dans la représentation des organes attaqués, celle des racines; c'est surtout sur les invasions des organes extérieurs qu'il insiste. Au printemps, d'après A. Nedzelsky, dont les observations sont à

Fig. 12. — Racine avec feutrage du *Bornetina Corium*.

(1) A. Nedzelsky, in *Zemlediëltscheskaia Gazeta* (*Gazette agricole russe*, nos 2 et 3, p. 19-23 et 36-38, figures p. 24-25 dont l'original nous a été communiqué obligeamment par M. B. Taïroff. Et traduction, partim, de P. Vœlkel, in *Bulletin de la Société des Agriculteurs de France*, 1870, no 2, p. 67 à 70 et 105 à 108).

citer, les Cochenilles sont d'abord sur les bourgeons et les dessous des feuilles; elles envahissent plus tard les grappes et les raisins.

« Vers l'automne (1) les insectes se réunissent par groupes d'une vingtaine et forment des nids autour des bourgeons, dans les angles des feuilles, les crevasses de l'écorce, les fentes des échalas; *d'autres* s'enfoncent dans la terre jusqu'à une profondeur de 1 mètre et demi... Quand, pour leur campement d'hiver, les Cochenilles ont choisi les racines du cep, il en résulte fort souvent la mort de la vigne. La sécheresse plutôt que l'humidité est favorable au développement du *Coccus*; une autre condition essentielle est la chaleur; en effet, les ravages du *Coccus* ont été beaucoup plus considérables dans les vignobles riverains de la mer et dans les expositions les plus abritées.. »

Il semble donc bien, — et les renseignements que nous avons pu recueillir des vignobles de Livadia le confirment, — que la vie souterraine du *D. Vitis* est exceptionnelle en Crimée; les ravages signalés par Nedzelsky ont été surtout importants sur les organes extérieurs. Nous ne sachions pas que d'autres auteurs que lui l'aient indiqué sur les racines, et ne l'y a-t-il observé lui-même que pendant l'année particulièrement chaude et sèche de 1868. Retenons cependant que dans la Crimée méridionale, dans le voisinage de la mer, la Cochenille peut descendre aux racines quand une grande chaleur et une grande sécheresse se produisent pendant certaines années.

M. Guignard a suivi, dans son vignoble de Marquey près Tunis, l'évolution des Cochenilles que nous avions observées et étudiées avec lui en mai. Il a recherché avec soin si, au moment où elles paraissent disparaître des ceps, elles ne se réfugieraient pas sur les racines. Pendant les mois de septembre, octobre et novembre 1902, il a retrouvé quelques insectes sous les écorces des racines, mais toujours dans les couches superficielles du sol. Dès octobre, quelques Cochenilles se réfugiaient vers le bas des souches, ainsi qu'au collet des plantes et, dans le sol, à l'insertion des grosses racines. A ce moment, il notait encore quelques éclosions, mais en petit nombre; les éclosions les plus abondantes ont lieu en Tunisie surtout à la fin du printemps. Le 10 novembre, il nous signalait qu'il y avait peu d'insectes et peu de larves sur les parties supérieures de la souche; les insectes étaient le plus nombreux sur le tronc et à 5 ou 6 centimètres au-dessous du sol dans les crevasses de l'écorce du collet souterrain. Dans des fouilles faites assez profondément, il n'a pas observé de Cochenilles sur les racines. D'après ces observations, les Cochenilles descendraient en Tunisie moins profondément dans le sol que dans l'extrême sud de la Crimée.

J.-E. Planchon a rapporté, en 1870 (2), une constatation, faite en avril

(1) Traduction de P. Vœlkel.
(2) Bull. Soc. Agricult. de France, 1870, n° 2, p. 271.

aux environs de Montpellier, du *D. Vitis* sur une racine ; il admet, comme Nedzelsky pour la Crimée, que les insectes peuvent se réfugier dans le sol pour échapper aux rigueurs de l'hiver.

Nous avons retrouvé, dans nos notes personnelles, une observation que nous avions faite, en 1893, dans le Médoc, et qu'il est intéressant de retenir dans la discussion actuelle. Nous observions, en plein été, au mois d'août, dans le sol des graves médocains, un assez grand nombre de Cochenilles blanches, mobiles, réunies surtout à la naissance des grosses racines ou sur celles-ci à peu de distance du tronc. On sait combien fut exceptionnellement chaude et sèche l'année 1893 ; et cette observation, non renouvelée depuis, nous paraît bien prouver que les Cochenilles s'étaient réfugiées, en plein mois d'août, dans le sol pour se soustraire à la grande sécheresse.

Fig. 13. — Grosse racine entourée par le feutrage du *Bornetina Corium* (grandeur naturelle).

Fig. 14. — Même racine que figure 13, dont le cylindre feutré qui la recouvre a été fendu et écarté pour montrer la racine au centre (grandeur naturelle).

Fig. 13. Fig. 14

Les *Dactylopius Vitis* ne sont pas, comme les *Pulvinaria Vitis*, protégés par une coque épaisse; leur corps est plutôt délicat. On les voit toujours, sur les souches, sur les feuilles, les rameaux ou les fruits qui sont situés à l'ombre, dans les parties qui ne subissent pas l'action des rayons directs du soleil. Le fait est surtout frappant quand on examine la situation des Cochenilles sur les treilles de vignes qui sont, dans le midi de la France aussi bien qu'en Tunisie, plus fréquemment envahies que les souches basses; on les trouve toujours contre les murs, dans les parties les plus ombragées.

Les *Pulvinaria Vitis*, quand arrivent les froids, restent en place; les carapaces épaisses et dures des femelles protègent les pontes. En Languedoc, en Tunisie, les *D. Vitis* recherchent, avant la saison hivernale, le bas des souches, et pondent surtout, dans un épais lacis de fins filaments, sous les écorces les plus épaisses du tronc et des bras, ou parfois, s'ils sont restés sur les rameaux, dans l'angle et sous les écailles des bourgeons; toutes les fissures des écorces soulevées, des fentes des échalas, des liens, etc., sont des abris naturels où ils déposent leur ponte à la fin de l'automne. Ce n'est donc pas le froid qui pousse normalement les Cochenilles de la Palestine, ou par exception celles de la Crimée ou de la Tunisie, à aller se réfugier sur les racines.

La vie souterraine du *D. Vitis* en Palestine est le résultat de l'extrême sécheresse et de l'extrême chaleur du climat; le froid n'y est pour rien là pas plus qu'ailleurs. L'observation de 1893 que nous venons de rapporter pour le Médoc le prouve déjà; celle faite en 1868 par Nelzelsky en Crimée en est encore une confirmation. Enfin, une expérience directe nous a permis de confirmer cette interprétation.

Mais il est utile de caractériser en quelques mots le climat actuel de la Palestine, d'après les notes que nous a remises un de nos amis, M. A. Barbier, qui, depuis plusieurs années successives, a exploré plusieurs fois en tous sens la Palestine et la Syrie. Le climat de Palestine, surtout dans la région de Jaffa, ne présente en réalité pas d'hiver et on ne comprendrait pas que dans ce pays, où les températures sont toujours assez élevées même pendant la période des pluies hivernales, la Cochenille, qui descend rarement aux racines en France, où cependant les hivers sont rigoureux, habitât toujours les racines des vignes palestiniennes. La moyenne annuelle de la température est, dans la région littorale, de 20° à 24° C.; le climat, pendant la période printanière et estivale, y est, en outre, non seulement très chaud, mais très sec.

« Le climat du sud de l'Europe, nous écrit M. A. Barbier, avec ses saisons intermédiaires, printemps et automne peu accusés, est celui que l'on trouve avec plus d'exagération sur les côtes africaines et asiatiques du bassin méditerranéen. Là, les saisons transitoires deviennent si peu marquées que l'on ne peut guère distinguer que la saison des pluies et la saison sèche, et que, de prime abord, on serait porté à comparer le climat de ces contrées à celui des tropiques. La similitude n'est qu'apparente, et cette forme de climat présente avec le climat tropical une différence profonde. Sous le climat tropical, la saison des pluies est, en même temps, la saison chaude, et la saison sèche est en même temps la saison froide. Il en est tout autrement pour les régions, Syrie et Palestine, qui nous occupent, et dans lesquelles, à l'exemple de l'Europe, la période des pluies est la saison froide, et la période sèche la saison chaude. Aucune analogie de végétation n'est donc possible entre ces deux climats ; les plantes ne sauraient s'y méprendre et l'insuccès accompagne généralement les introductions de plantes tropicales sur les bords de la Méditerranée, à moins que par l'irrigation on ne reconstitue autant que possible leur climat originel. Sous une forme plus exagérée encore, ce climat devient plus au sud le climat désertique : période de pluie très courte, période de sécheresse très longue accentuée par le vent brûlant, connu sous les noms divers de *Sirocco*, *Khamsin*. *Simoun*, etc.

« C'est entre ces deux formes de climat, la *forme littorale* à pluies abondantes d'octobre à mai, et à saison sèche occupant tout le reste de l'année, aggravée par les vents chauds, mais aussi généralement atténuée par un état hygrométrique assez élevé, et la *forme désertique*, à pluies peu abondantes de novembre à mars, et à saison sèche avec absence de l'humidité de l'atmosphère et vents brûlants, que varie, suivant le voisinage des montagnes, de la mer ou des déserts, le climat des côtes méditerranéennes, des côtes de l'Afrique et de l'Asie.

« Le climat de la Syrie, avec ses 30 à 60 centimètres d'eau par année suivant les régions, se rapproche plus du climat désertique que celui de l'Algérie ou du Maroc : période de pluie courte et grande variabilité dans leur régime annuel, *atmosphère sèche* durant la saison estivale. Un point caractéristique du climat syrien, c'est que le *vent chaud*, le Khamsin, *y souffle particulièrement au printemps* (avril, mai). En Syrie, les chaleurs arrivent brusquement et la pureté de l'atmosphère aidant, la végétation est très rapide ; tandis qu'en Algérie, les blés sont généralement semés en novembre-décembre pour être récoltés en mai-juin, en Syrie ils sont semés en décembre-janvier pour être moissonnés en mai. En fin mars, la vigne commence à débourrer en Syrie comme en Algérie, mais les cépages qui mûrissent fin août ou premiers jours de septembre en Algérie, sont en Syrie au même point de maturité dans le courant de juillet.

« En résumé, la forme littorale du climat méditerranéen (Algérie, Maroc) tend à se rapprocher de la forme désertique avec vents chauds au printemps, comme si l'on allait vers le sud, à mesure que l'on s'avance vers la Palestine ou que l'on descend des côtes de Karamanie vers cette même région. En outre, le bassin oriental de la Méditerranée est fortement dévié vers le sud, à tel point que Jaffa correspond à peu près à la latitude de Biskra. »

La vie souterraine du *D. Vitis* est le résultat de ce climat exceptionnellement chaud et sec dès le printemps ; et, dans les régions autres que la Palestine, la Cochenille a, pour ainsi dire, une vie d'autant plus aérienne que le climat devient moins chaud et surtout à atmosphère moins sèche et moins brûlante. On conçoit aussi que l'habitat du *D. Vitis* soit, sous les climats relativement chauds où il vit, confiné toujours dans les régions littorales.

Les expériences auxquelles nous faisions allusion tout à l'heure, et que nous avons poursuivies à Paris, confirment pleinement cette particularité de la biologie de la Cochenille blanche. Nous avons mis, enterrées dans le sol à 15 centimètres de profondeur, au pied de vignes en pot placées en serre tempérée, des racines phthiriosées provenant de Jaffa et ayant, sous un cuir mycélien très épais de *Bornetina Corium*, des quantités de Cochenilles grouillantes; la tige des ceps, très vigoureux, était largement entourée, sur 8 centimètres de diamètre, d'une toile métallique enfoncée de 2 ou 3 centimètres dans le sol et émergeant de 5 à 6 centimètres. Les pots de vignes étaient maintenus à la limite d'arrosage pour empêcher la dessiccation. Les inoculations furent faites, en 1901 et 1902, à la première quinzaine de mai. Dès le mois de juin, les Cochenilles blanches étaient toutes montées sur le cep et vivaient, comme les Dactylopius de Tunisie ou du Languedoc, sur les rameaux. Les insectes sont restés ainsi sur les rameaux, tout l'été (Fig. 10) jusqu'en novembre, au moment de la chute des feuilles. Des vignes en pots laissées dans une cour, à l'air libre, aussi sous le climat de Paris, et inoculées fin mai, ont présenté les mêmes phénomènes; dès fin juin, les Cochenilles de Jaffa, nombreuses sous le cuir mycélien et placées en terre contre les racines, sont montées sur les rameaux et les ont piqués jusqu'à fin octobre. Pas un seul insecte n'était resté sur les racines; notons aussi que le cuir mycélien du *Bornetina Corium* s'était peu à peu desséché et dissocié et qu'il ne s'était développé ni dans les vases à l'air libre, ni dans ceux des vignes maintenues en serre tempérée.

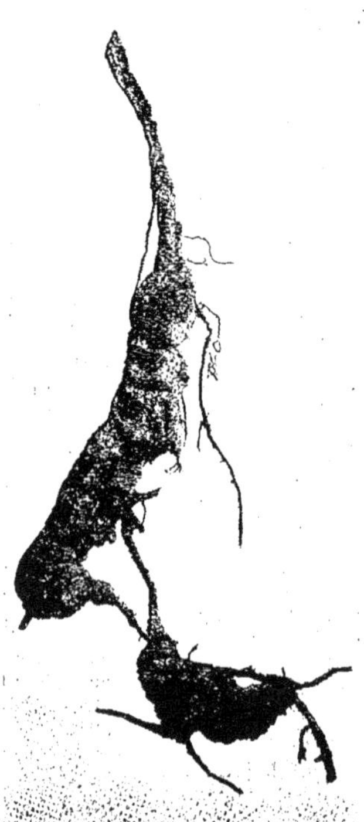

Fig. 15. — Photographie de jeunes racines noyées dans de gros amas feutrés de *Bornetina Corium* (grandeur naturelle).

Cette expérience démontre donc que sous le climat de Paris, à l'air libre aussi bien qu'en serre tempérée, mais à atmosphère plutôt humide, des *D. Vitis*, provenant de Jaffa où ils vivaient sur les racines, ont délaissé ce mode habituel d'existence souterraine pour vivre normalement à l'air libre sur les rameaux extérieurs de la vigne inoculée, comme le fait toujours la même espèce dans les régions à climat moins ardent et moins sec que celui de la Palestine.

Nous avons suivi l'évolution ultérieure de l'insecte dans ces conditions nouvelles. Sur nos pots de vigne, mis en serre ou à l'air libre, et fortement envahis, les nombreuses Cochenilles, dès la fin octobre, se sont réfugiées sur le tronc ou les bras, et ont pondu dans leurs nids de filaments soyeux posés entre les fissures des écorces, où ils sont encore (28 février) à l'état hibernant. Aucune d'elles n'est descendue aux racines, même à la suite des froids du commencement de l'hiver lorsque quelques-unes d'entre elles étaient encore mobiles sur le cep.

Fig. 16. — Mêmes racines que dans la figure 15, vues sur l'autre face et dessinées : *a*, *a*, parties de racines non recouvertes; *c*, *c*, *c*, feutrage du *Bornetina Corium*.

Un des pots de vigne inoculée et très envahie, et sur les rameaux de laquelle des insectes étaient encore très mobiles, a été mis dans une salle du laboratoire le 5 octobre. Vers le 20 octobre, on a chauffé la salle, dont l'atmosphère était sèche, et, peu à peu, on a rapproché du poêle le vase que l'on n'arrosait plus. Bientôt les Dactylopius, dans ce milieu sec et chaud, ont émigré peu à peu vers le sol; quelques insectes ont pondu vers la base du tronc, d'autres ont pénétré dans le sol et ont pondu sur les grosses racines, à côté du collet, mais ne sont pas allés profondément et n'ont pas piqué avant de pondre. Ces vignes, arrachées en février, portaient toujours les pontes à l'état hibernant et n'avaient évidemment pas de cuir mycélien.

Il nous semble donc bien acquis, par l'expérimentation et par l'observation, que les Dactylopius n'ont une vie normalement souterraine en Palestine qu'à cause de l'extrême sécheresse et de la température élevée du climat; ils se réfugient dans le sol pour se défendre contre la dessiccation. Et dans le sol même, sec et brûlant, les Cochenilles s'associent au *Bornetina Corium* qui les protège contre la dessiccation et les maintient par sa gaîne mycélienne dans une atmosphère favorable. En dégorgeant par leurs piqûres de l'intérieur des racines les liquides que charrient les vaisseaux, les Cochenilles se nourrissent, et elles fournissent progressivement au Champignon un excellent milieu nutritif pour son mycélium. L'évolution et la multiplication des insectes se produisent normalement à l'abri des gaînes mycéliennes protectrices.

Caractères des racines phthiriosées. — Rien de plus curieux que les caractères d'ensemble que prennent les racines phthiriosées à la suite du développement simultané du *Bornetina Corium* et du *Dactylopius Vitis*. Les premiers échantillons que nous avons étudiés nous ont laissés longtemps fort perplexes. Nous nous demandions à quelle formation organisée pouvait bien être rapportée cette grosse gaîne épaisse, histologiquement si particulière, qui entourait les racines et même les troncs. Nos nombreuses recherches n'ont abouti à éclaircir définitivement la question que lorsque nous avons pensé avoir découvert les spores, et surtout lorsque nous avons réussi à cultiver, en milieux artificiels, — cultures conduites plus tard facilement, — l'être dont l'organisation histologique dans les gaînes non fructifiées était si différente de ce que nous connaissions comme mycélium de Champignon ou comme excrétion d'insectes divers et de Cochenilles.

En plein développement de la Phthiriose, lorsque les Cochenilles très nombreuses sont en vie active et piquent les racines en provoquant l'écoulement des liquides séveux, le *Bornetina Corium* pousse abondamment et donne aux racines cet aspect si particulier et auquel nous ne connaissons rien d'analogue (Pl. I, II, III et Fig. 11 à 19). La Cochenille se porte sur les racines de tout âge, radicelles, racines d'un an et racines principales et même sur le tronc des souches jeunes aussi bien que des souches les plus âgées (Pl. II, fig. 1). Sur toutes ces racines et sur le tronc, les feutrages du mycélium, que nous ne pouvons mieux comparer, à leur complète formation, qu'à du cuir souple ou à du caoutchouc, végètent aux dépens des liquides puisés par le *D. Vitis*.

Le fin mycélium primitif au pourtour des grosses racines (Pl. I, fig. 2 et Pl. III et Figures 11, 12, 13, 14), couvertes de Cochenilles grouillantes (larves et insectes) est d'un blanc nacré ; il s'insinue, dans tous les sens, entre les particules de terre, formant un réseau, d'abord délicat, qui va s'épaississant de plus en plus et s'étend partout où les Cochenilles provoquent la sortie du liquide des racines. Mais il ne va jamais au delà des régions dactylopiées. Si même, sur une racine, des parties ne sont pas piquées par les insectes (Fig. 13, Fig. 18, *aa*, Pl. I, fig. 1, Pl. III, fig. 3), le *B. Corium* n'y produit pas son feutrage mycélien.

Ce mycélium devient peu à peu, en effet, un vrai feutre ; on le coupe avec le couteau comme du cuir ou du caoutchouc (Fig. 14 et Pl. I, fig. 1

EXPLICATION DE LA PLANCHE III

Fig. 1. — Racine de vigne phthriosée régulièrement recouverte d'une gaîne mycélienne de *B. Corium*.

Fig. 2. — Racine dont le feutre mycélien a été fendu par la serpette et écarté pour montrer le corps de la racine.

Fig. 3. — Jeune racine avec gaine mycélienne de *B. Corium* sur une partie seulement de son parcours, au point de ramification d'une radicelle non recouverte.

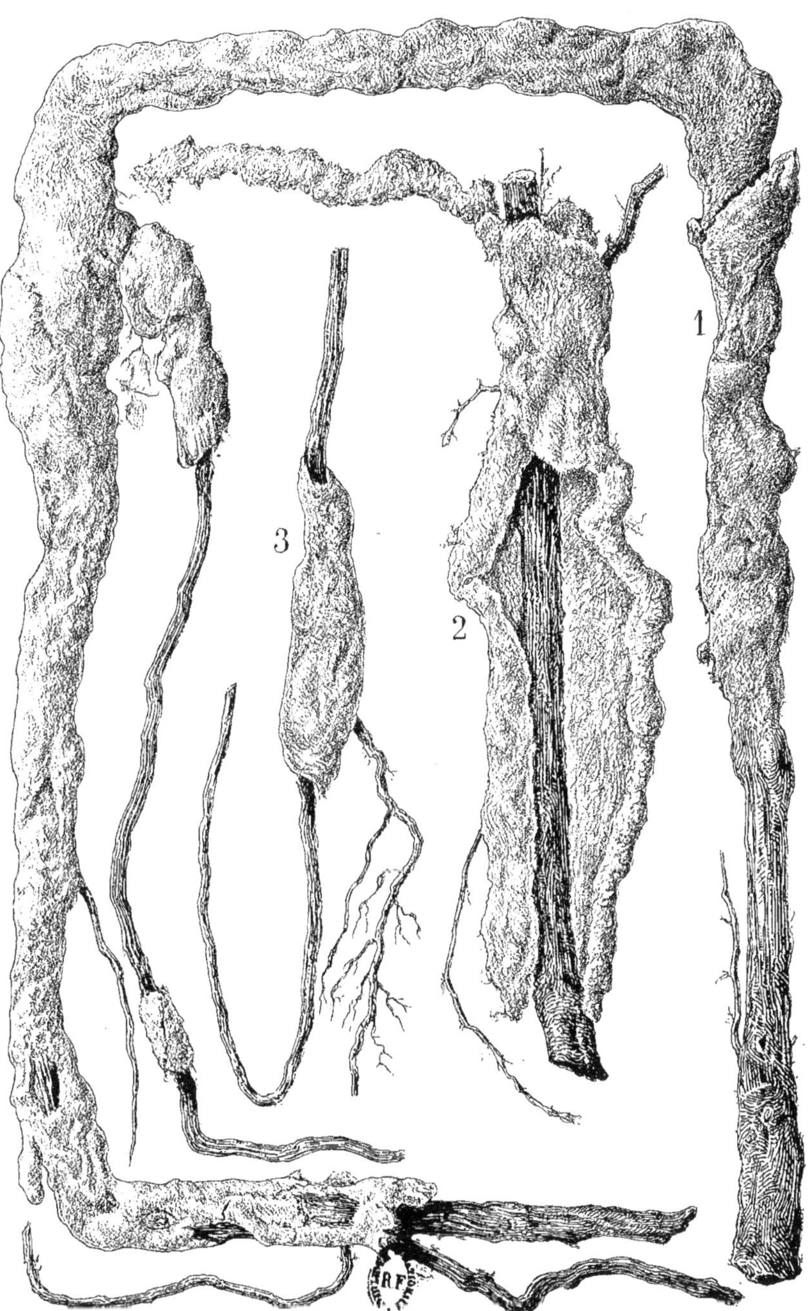

B. Drouot delt

Phthiriose de la Vigne

et 2, Pl. III, fig. 2). Ce feutre s'accroît sur une épaisseur variable, de 2 à 6 millimètres; à cet état, il est imperméable aux liquides, ce que nous expliquera sa constitution anatomique et histologique. Les fines particules

Fig. 17. — Radicelles englobées dans des amas feutrés de *Bornetina Corium*.

de terre (sable ou calcaire sableux) ont été enrobées dans ce feutrage mycélien et forment corps avec sa masse ; il est à peu près impossible d'y faire, à cause des grains de sable, sur lesquels se moulent les bizarres membranes des tubes mycéliens, des coupes microscopiques, le rasoir entraînant toujours des grains de sable soudés aux membranes. Mais l'ensemble conserve cependant de la souplesse comme le cuir ou le caoutchouc.

L'enrobement des particules de terre donne, suivant la nature de celles-ci, à l'aspect extérieur du feutrage, une coloration différente. Le mycélium pur, ainsi que nous le dirons en parlant des cultures artificielles du Champignon, est d'un très beau blanc nacré mat ; mais son mélange, autour des racines, avec les fines particules du sol, lui donne un aspect roussâtre dans les terres ferrugineuses, et une coloration gris-jaunâtre dans les terres calcaires, teinte qui ne se manifeste d'ailleurs qu'à l'extérieur du cuir mycélien. A cette face extérieure, les grains de sable emprisonnés donnent seuls une certaine rugosité (Pl. II, fig. 1 et Pl. I, fig. 2).

Le feutrage mycélien ne s'étend pas, nous le disions, au delà des racines dans le sol, comme le font d'autre mycélia souterrains, tels que ceux du Pourridié ou de diverses Moisissures ; c'est une couche assez régulière qui est comme figée sur les racines. Il semble, quand on sort les racines phthiriosées du sol, qu'elles ont été bâties avec un mortier spécial ou qu'on a coulé autour d'elles une masse pâteuse, devenue ensuite consistante tout en restant souple. Les diverses figures des planches I, II, III et les Figures 11 à 19 dessinées, pour la plupart, grandeur nature (la fig. 1 de la Pl. II et la Fig. 19 sont seules réduites) traduisent cet aspect si bizarre des racines phthiriosées, emboîtées dans le cuir du *B. Corium*. La face externe de ces tubes est très mamelonnée, mais reste lisse dans les diverses sinuosités ; quand on arrache les racines, ils suivent avec elles sans entraîner de terre ou seulement de la poussière que l'on brosse facilement de leur surface. Vus dans leur ensemble, leur épaisseur totale est deux, trois ou quatre fois plus grande que celle de la racine ; cette épaisseur est variable dans tout leur parcours, et c'est toujours dans les régions où les Cochenilles sont le plus nombreuses et piquent le plus que l'épaisseur du feutrage est la plus accentuée.

C'est cependant sur ces grosses racines (Fig. 11 à 14 et Pl. I, fig. 2, Pl. III, fig. 1 et 2) que les mamelonnements ou les irrégularités d'étranglement dans les tubes sont le moins accentués. Ces gaînes feutrées sont aussi ramifiées que les racines mêmes (Pl. I, fig. 2, Pl. III et Fig. 13, 14) ; les racines secondaires et tertiaires, qui partent de ces grosses racines, si elles ont des Cochenilles, sont emprisonnées aussi par le cuir mycélien. On voit parfois de petites racines ou des radicelles (Pl. I, fig. 3, Pl. II, fig. 3, Pl. III, fig. 2 et Fig. 11) qui sortent de ces cuirs dégagées de gaîne mycélienne ; c'est que les Cochenilles ne les ont pas piquées. Il y a toujours concomitance entre la présence de la Cochenille et celle des tubes feutrés ; nous ne reviendrons pas sur ce fait constant.

Ce sont de vrais tubes que forme le mycélium du *B. Corium* autour des racines ; les figures 1 et 3 de la planche I, la figure 2 de la planche III, et les Figures 13, 14, l'indiquent parfaitement. Le cuir entoure d'un vrai manchon le corps de la racine, il n'est jamais adhérent contre elle. Il existe toujours un vide assez grand entre la face interne du manchon et la surface de la racine, dont le mycélium ne pénètre *jamais* les tissus. C'est dans ce vide que circulent les Dactylopius, protégés par le feutre mycélien imperméable à l'abri duquel ils piquent pour le nourrir, pour se nourrir eux-mêmes, défendus ainsi contre les variations hygrométriques extérieures. Les Cochenilles, dans ce milieu plutôt frais, ont un aspect un peu particulier ; leur corps est d'un blanc rosé tendre, la sécrétion de leurs glandes est moins active, et les dépôts cireux sont moins abondants ; elles deviennent cependant très farineuses à l'état parfait quand elles quittent les chambres mycéliennes pour émigrer sur de nouvelles racines.

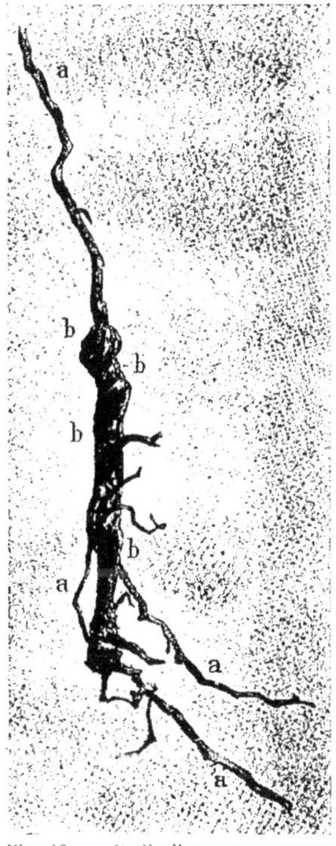

Fig. 18. — Radicelles *a*, *a*, *a*, recouvertes en *b*, *b*, *b*, par le mycélium feutré du *Bornetia Corium*.

Nous ne saurions trop insister sur ce fait que nous n'avons jamais trouvé le mycélium du *B. Corium* pénétrant les tissus de la racine ; nos essais d'inoculations de spores du Champignon, faites sur diverses plantes, pour juger du parasitisme possible, ont été négatifs, aussi bien lorsque ces essais ont été répétés sur les organes de la vigne, aux divers stades de leur développement, que sur des plantes herbacées diverses (blé, pois).

La face interne des manchons offre un aspect tout différent de leur surface extérieure. La section pratiquée dans l'épaisseur des tubes (Pl. I, fig. 1 et 3, Pl. III, fig. 2) est déjà plus hyaline que leur surface ; ils sont tapissés à l'intérieur par une fine couche cotonneuse ou nacrée, qui représente à peine le sixième ou le dixième de l'épaisseur de la paroi. Le feutrage y est en outre moins serré, là surtout où le mycélium devient presque filamenteux par bouquets. Dans ces bouquets floconneux, plus de grains de sable, c'est du mycélium presque pur, dont l'organisation histologique est d'ailleurs très différente. Cette couche floconneuse, en bouquets courts, dépendance interne du cuir, se couvre à un moment d'une poussière couleur chocolat, formée par les très nombreuses spores du *B. Corium*. Les Cochenilles circulent encore dans ces régions, mais elles ne piquent plus ; c'est le moment où elles vont émigrer vers d'autres points des racines; leur corps, enfariné sur la peau par les matières cireuses, emporte des poussières de spores. Les Fourmis, et surtout le *Camponotus compressus* Fabricius (1), qui pénètrent dans les couloirs mycéliens à la suite des Dactylopius, disséminent encore les spores en allant rejoindre les Cochenilles dans leurs nouveaux campements.

La production de spores n'a lieu que lorsque le Champignon n'est plus nourri par les succions moins abondantes des Cochenilles sur des racines épuisées et plus ou moins asphyxiées par la gaîne imperméable du *B. Corium*. Quand la sporulation a eu lieu et que les insectes ont quitté les couloirs dont les parois sont souples encore, une modification profonde se produit dans la consistance du cuir, modification en relation avec l'organisation histologique du mycélium des couches externes.

Le cuir mycélien perd d'abord de sa souplesse, il devient plus dur et, en durcissant, il se rétrécit. C'est à ce moment, ou un peu avant, que les Cochenilles émigrent. Le durcissement du cuir va en s'accentuant, par suite de la dessiccation des membranes mycéliennes gélifiées et qui ne sont plus maintenues turgescentes par les liquides dégorgés des racines. Peu à peu, les membranes mycéliennes du feutre, gélifiées plus ou moins complètement, sont agglomérées avec les grains de terre, et forment un manchon plus étroit et d'une dureté extraordinaire comparable à du ciment desséché; il faut le marteau pour le casser. A ce moment-là d'ailleurs, par rétraction de la masse, les tubes sont déchirés à de faibles distances (15 à 20 centimètres au plus, le plus souvent 4 ou 5 centimètres), et les retraits sont même parfois tels qu'il y a comme de doigts de gant sur les racines séparés par des vides successifs. Puis, après cette forme ciment, le manchon se désagrège lentement et s'émiette peu à peu; le tout se réduit définitivement en poussière. Mais les spores du Champignon se retrouvent en paquets de poussière couleur chocolat. Cochenilles et Fourmis sont parties depuis longtemps.

La racine, enserrée dans le cuir mycélien, n'est pas, comme nous l'avons dit, pénétrée par le mycélium du *Bornetina;* mais celui-ci s'étale parfois, en formant pont, du manchon à la racine, surtout quand le dégorgement des liquides séveux par l'insecte est très abondant ; ce cas est plutôt rare. Tant que le feutrage reste à l'état souple, non durci encore en ciment, les Cochenilles vivent en grand nombre dans les couloirs et y pondent des amas d'œufs dans leurs sécrétions blanches et filamenteuses qui tranchent, quand on fend

(1) Espèce déterminée au laboratoire de M. Bouvier, au Muséum.

les manchons, sur le fond noirâtre de la racine, et se confondent d'ailleurs assez bien avec les bouquets blancs mycéliens de l'intérieur du cuir; les paquets de ponte sont cependant plus floconneux, ils sont surtout déposés dans les sinuosités de la racine.

Ces racines, quoique dans un sol très sec, présentent, quand on ouvre les manchons, une surface noire et lisse, comme humide; en section transversale macroscopique, leurs tissus, au lieu d'avoir l'aspect blanc et frais, sont d'un jaune terne; l'écorce est très épaisse et riche en amidon et séparée du bois par une zone plus rosée; ce sont les caractères qu'ont les racines asphyxiées dans un sol non aéré et plutôt humide. Sur ces racines mourantes et riches en amidon, on trouve, au moment où les Cochenilles ont disparu, de nombreux Acariens (*Cœpophagus echinopus*) qui les creusent de leurs galeries, et la décomposition en résulte par le développement ultérieur des Bactéries et des Champignons de décomposition du bois qu'ils apportent. Parmi ces derniers est une espèce très fréquente à mycélium noirâtre et qui joue le principal rôle dans la décomposition des tissus de la racine; nous avons pu l'isoler et la cultiver, nous y reviendrons dans un autre travail.

Fig. 19. — Vigne dont le tronc souterrain est recouvert par le *Bornetina Corium*; en *c*, *c*, gros amas du Champignon (d'après une photographie).

Les feutrages mycéliens, dont nous venons d'esquisser les caractères généraux et le processus de développement sur les racines principales, englobent celles-ci sur de grandes longueurs, sans discontinuité (Pl. III, fig. 1).

Nous avons reçu une racine recouverte sur 1^{m}75 de long par une gaîne régulière qui s'étalait aussi sur les racines latérales. Le diamètre du manchon, racines comprises, a varié d'un demi et trois quarts de centimètre à 2 et 5 centimètres ; il était le plus souvent de 2 et 3 centimètres. Vers leurs extrémités, ces gaînes vont parfois en diminuant peu à peu d'épaisseur (Pl. I, fig. 3) ; parfois elles forment des bourrelets isolés sur le corps d'une racine (Fig. 11 et 12). Enfin un accident est à noter, il est très rare d'ailleurs : si les racines phthiriosées, lorsque les cuirs sont encore souples, sont maintenues dans des terres très humides pendant longtemps (cas de pluies abondantes et continues dans des vignes à sous-sol imperméable), la décomposition des cuirs par gélification complète se produit ; ce fait n'a été observé qu'une fois, les Cochenilles étaient mortes ou décomposées.

La production des manchons mycéliens a lieu, ainsi que nous l'avons dit, sur des racines de tout âge et même sur les racines de l'année (Pl. I, fig. 1, 3, Pl. II, fig. 2, 3, Pl. III, fig. 3 ; Fig. 15 et 16) ; le développement en diamètre de la gaîne paraît plus accentué par rapport au corps de la jeune racine envahie. Ces racines d'un an, tout comme les radicelles (Pl. I, fig. 4, Pl. II, fig. 2 et 3), ne présentent jamais de manchons très continus. Sur les racines d'un an, les Cochenilles paraissent se fixer de préférence sur certaines parties et dégorger même plus facilement les liquides. On voit, en ces points, se former de grosses masses mycéliennes mamelonnées, irrégulièrement bosselées (Pl. II, fig. 2 et 3 *c c* ; Fig. 15 et 16 *c c*), de consistance analogue aux manchons mycéliens plus droits et plus réguliers. Il en est de même sur les faisceaux de radicelles (Fig. 17), dont plusieurs sont parfois emprisonnés à la fois par des blocs de cuir mycélien, dans lesquels on trouve de nombreux insectes. Les cuirs sont rarement, sur les jeunes radicelles (Pl. I, fig. 4 et Fig. 18), sous forme de mince manchon court ; il n'y a alors qu'un ou deux insectes dans leur intérieur.

Enfin (Pl. II, fig. 1 et Fig. 19), les troncs de ceps, dans leur partie souterraine, et surtout à la naissance des racines, sont recouverts par des gaînes mycéliennes, plutôt régulières et épaisses (Pl. II, fig. 1 *c c*) ; l'épaisseur est surtout très grande aux points de naissance des grosses racines (Fig. 19, *c c*). Les troncs emmanchés ainsi dans la gaîne mycélienne ont un aspect très particulier ; mais le cuir s'arrête toujours à quelques centimètres au-dessous du sol et n'émerge jamais. Les Cochenilles y sont très nombreuses et très grouillantes aux premières générations du printemps ; mais elles abandonnent vite cette position pour se porter plus bas, sur les racines, quand les chaleurs deviennent intenses en été.

III

ÉTUDE DU « DACTYLOPIUS VITIS »

Une coupe transversale pratiquée dans un fragment de racine phthiriosée nous fournira tous les matériaux nécessaires à l'étude du *Dactylopius Vitis*.

La Figure 20 montre une semblable section avec la gaine *g* formée

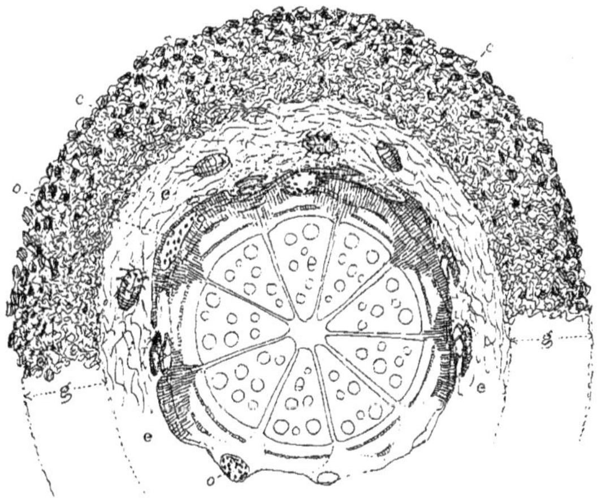

Fig. 20. — Section transversale (mi-théorique) d'une racine phthiriosée, montrant la gaine formée par le *Bornetina Corium* et l'espace annulaire habité par les Dactylopius; *g*, gaine mycélienne; *e*, espace annulaire habité par les Cochenilles; *c*, *o*, galeries creusées par les Acariens et remplies d'excréments.

par les filaments mycéliens, à parois épaisses gonflées et plus ou moins gélifiées, emprisonnant une quantité considérable de grains de sable. On aperçoit, au centre, la racine, dont l'écorce est plus ou moins décomposée parfois déchiquetée et parcourue par des galeries *o* où se trouve l'Acarien, le *Cœpophagus echinopus*, avec ses excréments caractéristiques.

Dans l'espace annulaire *e*, compris entre la gaine et la racine, on observe une masse d'un blanc de neige, dépourvue de particules terreuses et formée par les filaments mycéliens à parois minces destinés à produire les spores et mélangés aux sécrétions cireuses.

C'est dans cet espace annulaire que l'on rencontre les Cochenilles *c*, à tous les états de développement. On y trouve, en effet, des œufs dont les dimensions oscillent entre 400 et 425 μ de longueur et 200 à 225 μ de largeur et des adultes plus ou moins mobiles, mais seulement des femelles, qui ont 3^{mm}2 de longueur et 1^{mm}8 ou 2 millimètres de largeur. Entre ces deux dimensions extrêmes, on note toutes les phases du développement des femelles, depuis la larve sortant de l'œuf jusqu'aux femelles dont le corps est un véritable sac rempli d'œufs.

Suivant l'examen qu'on se propose de faire, les préparations destinées à l'étude doivent être soumises à des traitements différents. S'il s'agit d'observer les sécrétions cireuses, comme elles sont en partie solubles dans l'alcool froid, il faut examiner la masse floconneuse, retirée de l'espace annulaire, dans l'eau glycérinée, après traitement par l'acide acétique. Pour faire l'étude des Cochenilles, on peut procéder de deux façons : ou bien faire macérer les animaux dans l'alcool, dans l'éther et la benzine, avant de les monter en préparation dans le baume du Canada soit directement, soit après coloration; mais on peut aussi, après avoir chassé l'air par l'alcool ordinaire, plonger les insectes dans une solution sirupeuse de chloral glycériné.

Dans le baume du Canada, les organes internes apparaissent avec une assez grande netteté, mais les ornements de la surface et notamment les filières sont peu distincts à cause de la réfringence du test analogue à celle du baume du Canada. Dans le chloral glycériné, les organes internes deviennent très transparents à cause du gonflement qu'ils ont subi, mais les ornements de la surface sont alors très visibles, et il nous a été possible de rectifier, grâce à ce réactif, les indications erronées fournies dans certains ouvrages sur la constitution des filières.

Femelles. — Les femelles adultes ne dépassent pas 3^{mm}3 en longueur, et leur largeur oscille entre 1^{mm}5 et 2 millimètres, en moyenne 1^{mm}8. Leur corps est ovale, à contour continu dans la région antérieure, mais régulièrement ondulé dans la région abdominale à cause des segments de l'abdomen plus nombreux et plus serrés que dans la région céphalothoracique où les anneaux, plus larges, sont plus ou moins confondus.

Vues par la face supérieure (Fig. 21), les Cochenilles ont le corps bombé et présentent des boursouflures et des sillons marqués surtout dans la région médiane, à peine sensibles sur les bords. Le revêtement chitineux est interrompu ou peu développé aux points de séparation des anneaux, et la surface est régulièrement parsemée de poils courts et de filières d'une seule sorte, coniques, qui émettent des filaments cireux contournés et recouvrent le corps d'une masse floconneuse homogène. Dans la région céphalique, un peu en arrière des yeux, et dans la région abdominale, à la limite de séparation du troisième et quatrième avant-dernier anneau, on aperçoit une paire de fentes transversales protégées par des replis chitineux en forme de paupières : ce sont les stigmates *st* ou orifices respiratoires.

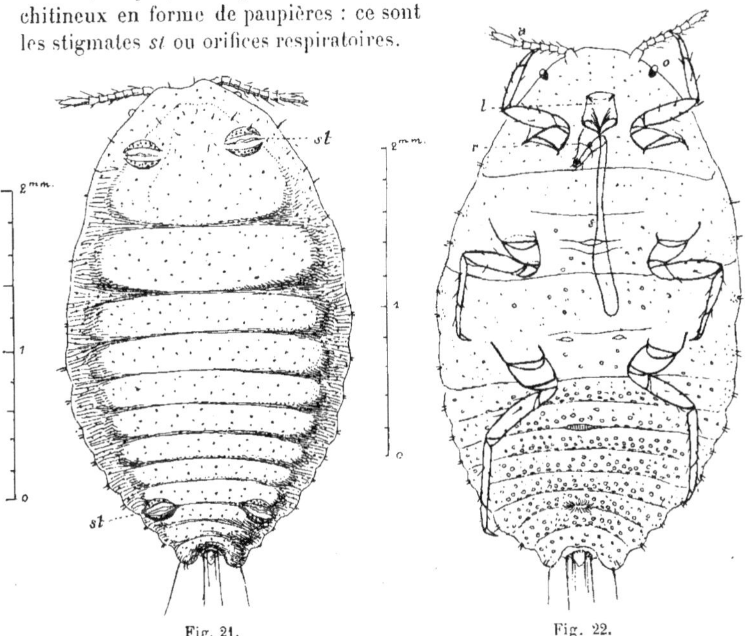

Fig. 21. Fig. 22.

Fig. 21. — Femelle de *Dactylopius Vitis* vue de dos et montrant les 2 paires de stigmates *st*.

Fig. 22. — Femelle de Dactylopius adulte vue par la face ventrale : *a*, antennes ; *o*, yeux ; *l*, labre ; *r*, rostre ; *s*, stylets. — Les stylets sont représentés dans cette figure par un simple trait. On a figuré sur les anneaux de l'abdomen les filières en pomme d'arrosoir.

L'avant-dernier anneau est excavé au centre et présente deux renflements latéraux ; dans l'excavation centrale se loge le dernier anneau, circonscrit par un cercle chitineux renfermant de nombreuses filières et portant 6 poils.

Vus par la face inférieure, toujours plus aplatie que la face supérieure (Fig. 22), les Dactylopius femelles présentent (*a*) une paire d'antennes à 8 articles, un peu en arrière deux yeux (*o*) simples à surface réfringente proéminente, 3 paires de pattes égales, sauf les pattes postérieures qui sont un peu plus développées que les pattes antérieures et moyennes.

Appareil buccal; rostre et stylets. — En arrière des yeux, on aperçoit le labre ou lèvre supérieure *l* qui laisse échapper 2 paires de stylets dont l'homologie est discutée : quelques auteurs y voient une paire de mandibules et une paire de mâchoires, d'autres leur attribuent une origine différente.

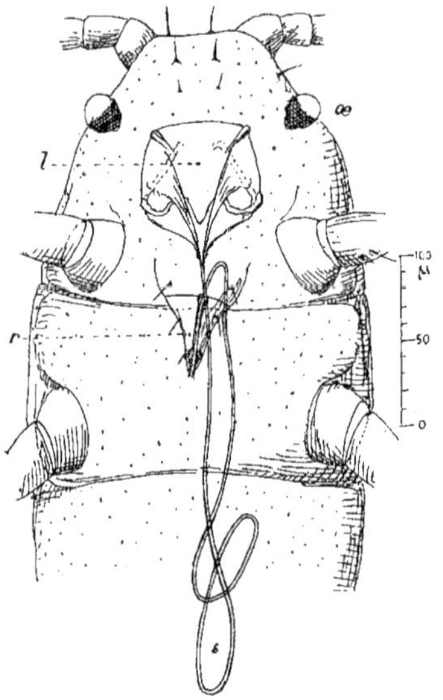

Nous n'avons pas ici à discuter ces questions d'homologie. Nous nous bornerons à faire remarquer que ces stylets ont une longueur moyenne de $1^{mm}5$ et sont repliés dans une gaîne de la face ventrale ; leurs extrémités sont introduites dans un rostre, formé par la lèvre inférieure, dans lequel elles peuvent glisser au moyen d'une rainure. Le rostre a une longueur de 140 à 180 μ et le labre une largeur et une longueur de 150 μ; c'est sur les parties latérales que s'attachent en éventail les paires de stylets.

Fig. 23. — Dactylopius femelle vu par la face ventrale : *œ*, œil ; *l*, labre ; *r*, rostre ; *s*, stylets. Cette figure montre les détails d'organisation de l'appareil de succion, et les stylets sont représentés par un double trait.

La Figure 23 montre les détails de structure de l'appareil de succion; les stylets représentés par un double trait sont au repos et plusieurs fois repliés parce que, chez les larves, leur longueur est trop grande pour qu'ils puissent s'allonger. La Figure 24 montre les 4 stylets allongés à travers l'extrémité du rostre et divergeant plus ou moins à leur sommet libre.

Quand l'animal veut piquer un organe, il applique son rostre sur la surface de cet organe; à ce moment, les stylets se déroulent et, glissant dans les glissières du rostre, s'enfoncent profondément dans les tissus. Par la piqûre ainsi faite, grâce à la capillarité et à la pression du liquide dans les tissus, ce liquide s'échappe en abondance. On s'explique ainsi, comme il a été dit plus haut, pourquoi, sous l'influence des piqûres répétées des Cochenilles qui cou-

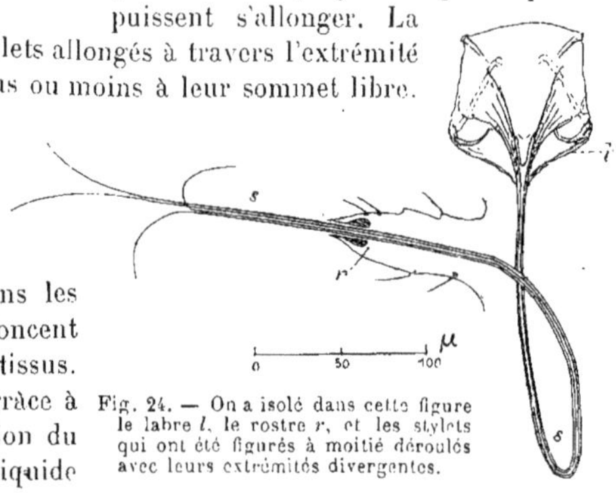

Fig. 24. — On a isolé dans cette figure le labre *l*, le rostre *r*, et les stylets qui ont été figurés à moitié déroulés avec leurs extrémités divergentes.

vrent les ceps, la quantité de liquide dégorgée est assez grande pour mouiller le sol comme par une légère pluie, et pour déceler ainsi d'assez loin les ceps où les Dactylopius sont réunis en assez grand nombre (Tunisie).

Mécanisme de l'exsudation du liquide. — Par quel mécanisme s'échappe, en si grande abondance, le liquide qui, dans les vignes de Palestine, favorise le développement d'un riche feutrage mycélien, ou, dans les vignes de Tunisie, mouille le sol comme une véritable pluie?

On sait que, dès le début de la végétation, la sève ascendante possède une pression assez grande, capable de faire sourdre des quantités de liquide assez considérables. Il suffit de rappeler à ce sujet l'abondance des pleurs de la vigne au moment de la taille de printemps. Nous avons pu remarquer en outre que, sur les racines, toutes les blessures, même légères, laissent exsuder une grande quantité de liquide séveux.

La pression de la sève ascendante suffirait donc à expliquer, au printemps, l'émission d'un volume considérable de liquide par les piqûres que le *Dactylopius Vitis* pratique aussi bien sur les racines que sur les organes aériens. Toutefois, la pression de la sève diminue considérablement en été, et cependant l'émission de liquide par les plantes couvertes de Cochenilles est toujours assez importante; il faut donc admettre, dans le phénomène de l'émission, une autre intervention que la pression de la sève. Le travail classique de Büsgen (1) montre que les pucerons projettent une grande quantité de liquide par la région anale; l'expulsion doit se produire de la même façon, par l'anus, pour les Cochenilles. Le liquide rejeté ainsi en grande quantité renfermerait, avec des matières sucrées, diverses substances qui favorisent, dans les racines, le développement de la gaîne formée par le *Bornetina Corium*.

L'expression que nous avons employée de liquide dégorgé par les Cochenilles n'est donc pas tout à fait complète; les Cochenilles expulsent, par la région terminale du tube digestif, une sécrétion qui se mélange au liquide que les piqûres laissent exsuder, sous la pression de la sève, quand les insectes ont retiré leurs stylets.

Développement des stylets. — Le développement des stylets est très précoce et les pièces buccales atteignent, presque à la sortie de l'œuf, les dimensions qu'elles auront chez l'adulte.

La Figure 25 montre les stades successifs du développement de l'œuf : *I* représente un œuf avec la forme ovoïde, un peu aplati sur l'une des faces,

(1) Busgen. — In Jenaische Zeitschrift f. Naturwiss, etc., 1891.

la face ventrale; leurs dimensions oscillent, comme nous l'avons dit, entre 400 et 425 μ de longueur et 200 ou 225 μ de largeur. La Figure 25 *II* indique les premiers linéaments des appendices, antennes, rostre et pattes, symétriquement disposés le long de l'axe ventral. Dans la Figure 25 *III*, au

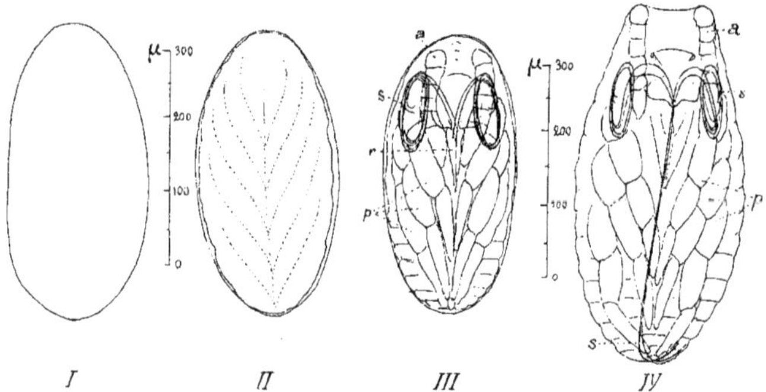

Fig. 25. — Phases diverses du développement de l'œuf : I, œuf mûr. — II, œuf en voie d'éclosion, laissant apercevoir à travers la membrane, les premiers linéaments des appendices. — III, état plus avancé montrant les stylets enroulés en 2 cercles *s* à droite et à gauche du rostre. — IV, Cochenilles au moment de la sortie de l'œuf montrant les stylets en train de se dérouler et de s'allonger sous la peau *s*; *a*, antennes ; *r*, rostre ; *s*, stylets ; *p*, pattes.

moment où les appendices précisent leurs contours et les divers segments dont ils se composent, les stylets sont déjà constitués; comme ils ont, de très bonne heure, une longueur presque égale à celle des stylets chez les adultes, ils se présentent, dans la région céphalique, sous l'aspect de deux cercles ou de deux ellipses analogues aux paquets de cordages que les matelots disposent sur le pont des navires, de manière à pouvoir les dérouler aisément. C'est au moment où la larve se dépouille des membranes de l'œuf, quand les appendices vont s'étaler en faisant jouer leurs articulations, que ces stylets se déroulent en s'allongeant dans le labre de manière à sortir par le bec étroit qu'il forme. Les stylets s'appliquent alors les uns contre les autres et s'allongent sous le tégument, en direction rectiligne (Fig. 25, *IV*), pour gagner l'extrémité abdominale. Arrivés dans cette région, les stylets se recourbent en s'enroulant une ou deux fois sur eux-mêmes, avant de s'introduire dans le rostre. Ils forment ainsi une ou deux boucles dans le corps des larves sorties de l'œuf (Fig. 26). A mesure que les mues se renouvellent, les

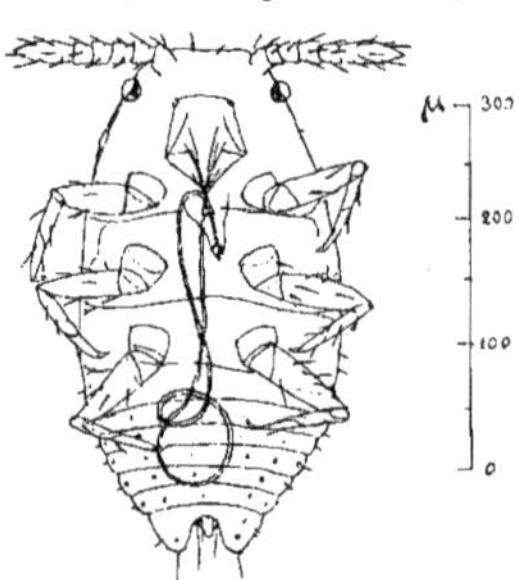

Fig. 26. — Jeune larve de Dactylopius un peu après la sortie de l'œuf montrant les stylets repliés sur eux-mêmes, à la face ventrale de la larve.

corps des nymphes s'allongeant, les boucles se déroulent et finalement les stylets ne forment plus qu'une anse, repliée sur elle-même (Fig. 22). Les stylets présentent une teinte jaune orangé qui tranche sur la couleur plus pâle de la larve ; cette teinte, que le chloral affaiblit en la diffusant, devient brune chez les nymphes et les adultes.

Sécrétion cireuse. — Le *Dactylopius Vitis* sécrète, comme un grand nombre de Cochenilles, une substance agglomérée en filaments enroulés ou en tubes plus ou moins rigides ; elle ne se colore pas au moyen des divers réactifs employés pour colorer les membranes ou les masses protoplasmiques. Cette substance se dissout en partie dans l'alcool froid, plus rapidement dans l'alcool bouillant.

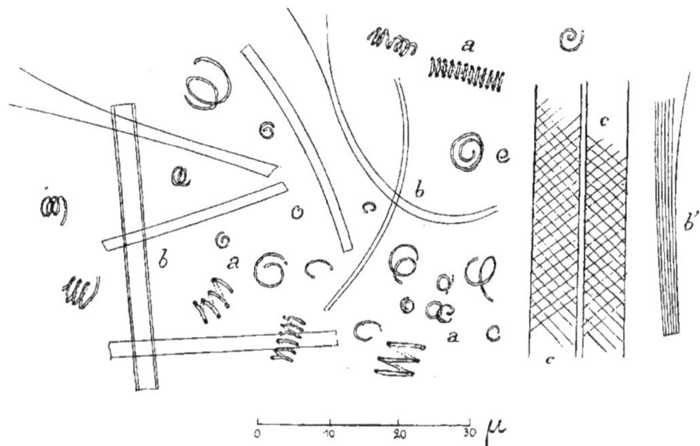

Fig. 27. — Divers aspects de la sécrétion cireuse. — *a*, filaments pleins enroulés en spirales ou en hélice ; *b*, filaments cylindriques ; *b'*, filaments cylindriques dissociés ; *c*, filaments pleins à striation oblique.

Dans les galeries circulaires, placées entre les racines et la gaîne mycélienne du Bornetina, les amas cireux sont mélangés avec le mycélium et n'acquièrent pas un grand développement. Mais, lorsque les Cochenilles sont placées dans l'air sec, la sécrétion devient si abondante qu'elle forme, sur le corps de l'insecte et autour de lui, un amas de flocons blancs qui se dissocient rapidement dans l'alcool.

Examinée, comme nous l'avons dit, dans l'eau glycérinée, après imbibition par l'acide acétique, la matière cireuse se présente sous l'aspect de bâtonnets cylindriques creux à parois plus ou moins épaisses, et sous celui de filaments contournés en hélice comme des ressorts à boudin ou des ressorts de montre.

Les bâtonnets cylindriques (Fig. 27, *b*, *c*, *b'*) sont très différents. Les uns, observés surtout sur les individus vivant en Tunisie, plus rarement sur ceux de Palestine, sont rigides, rectilignes, et longs parfois de 2 à 3 millimètres ; leur réfringence est très grande et ils présentent une fine striation oblique *c*, semblable à celle que l'on observe sur les fibres ligneuses. Ces gros bâtonnets ont jusqu'à 8 ou 10 μ d'épaisseur ; ils sont généralement associés deux à deux. Leur substance est très soluble dans l'alcool froid.

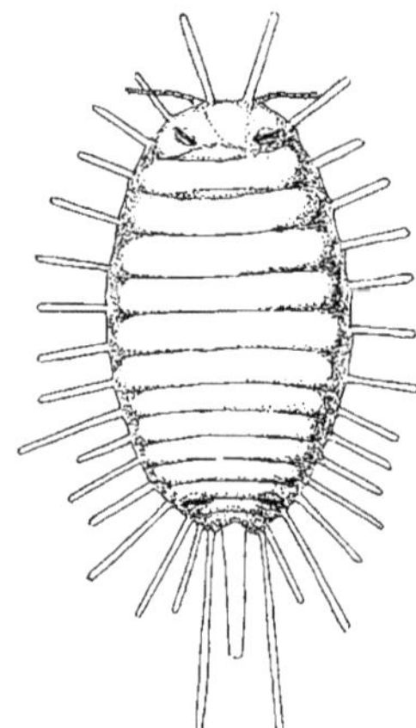

Fig. 28. — Dactylopius vivant à l'air et garni de masses cireuses divergentes.

Bien plus nombreux et fréquents sont les bâtonnets cylindriques creux, à parois minces (Fig. 27 *b*), rectilignes ou courbés en tous sens ; leur diamètre est ordinairement de 3 à 5 μ, rarement 8 μ. Leur substance n'est pas homogène et, sous l'action des réactifs (Fig. 27 *b'*), ces tubes cylindriques se séparent dans le sens des génératrices en un certain nombre de filaments rectilignes rapprochés les uns des autres, puis s'écartant en éventail.

Mais la production cireuse la plus importante, celle qui résiste le plus à l'action des réactifs, est constituée par des filaments pleins, de un demi à 1 μ d'épaisseur, toujours fragmentés en spirales ou en hélices à 2 ou 3, plus rarement 8 ou 10 tours de spire. Le diamètre des hélices varie de 3 à 5 ou 8 μ. C'est sous cette forme que se présente la fine poussière qui couvre le corps des Cochenilles.

En se mouvant dans l'espace annulaire des gaînes radicales, les filaments cireux sont à chaque instant brisés, et ceux que l'on peut observer sont toujours de petite taille. Mais, lorsque les Cochenilles sont exposées à l'air sec ou qu'elles vivent normalement sur les organes aériens, les sécrétions cireuses sont abondantes et ne sont pas brisées : on voit alors les animaux couverts d'une poussière blanche et garnis, sur les côtés, de nombreuses pointes blanches formées par les bâtonnets rigides (Fig. 28) semblables à ceux qui ont été décrits pour le *D. Citri* et le *D. longispinus*. Les bâtonnets cylindriques brisés pouvaient être confondus avec des filaments mycéliens, mais comme ils demeurent incolores dans le rouge de ruthénium ou le bleu de méthylène qui teignent le mycélium, la confusion n'est pas

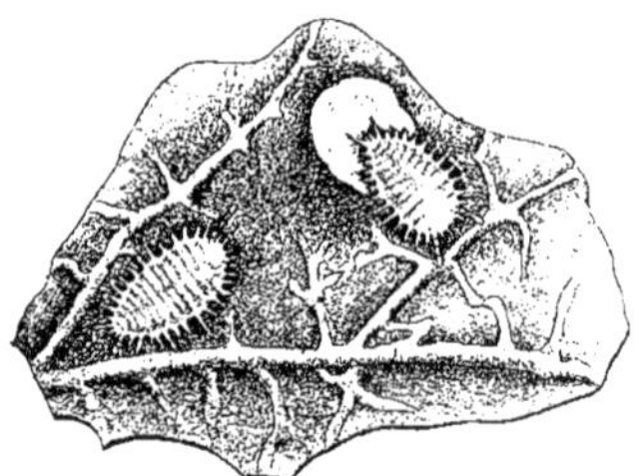

Fig. 29. — Fragment de feuille de vigne avec Cochenilles (d'après Valery Mayet).

possible entre ces deux sortes de productions. Nous empruntons à M. Valery Mayet la Figure 29 qui montre l'aspect des Cochenilles vivant sur les organes aériens et entourées de leurs sécrétions cireuses en forme de bâtonnets divergents.

Filières. — Les filières qui sont dispersées plus ou moins régulièrement sur la surface du corps sont de plusieurs sortes : 1° les filières cylindriques qui correspondent aux glandes mineures et aux glandes majeures de Berlese ; 2° les filières coniques ; 3° les filières discoïdes ou en pomme d'arrosoir.

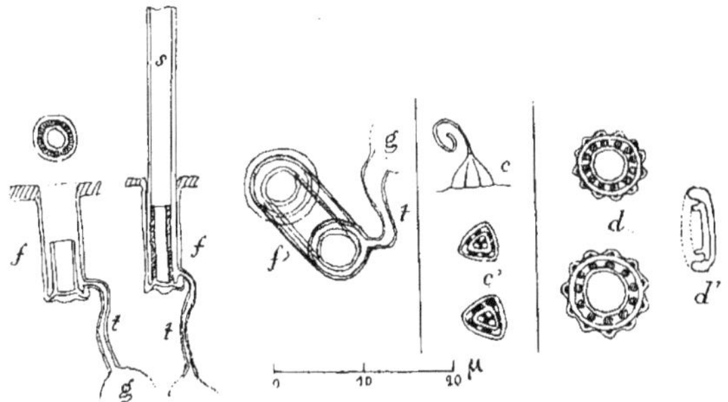

Fig. 30. — Diverses formes de filières. *f f'*, filières cylindriques, vue en coupe *f*, en perspective *f'* et montrant le tube chitineux interne ; *t*, conduit faisant communiquer les filières avec la glande cirière ; *g*, l'une des filières est garnie de sa production cireuse *s* ; *c*, filières coniques vues de profil et *c'* vues de face ; *d*, filières discoïdes ou en pomme d'arrosoir, vues de profil *d'*.

Les filières cylindriques fournissent les bâtonnets rigides ou tubulaires, rectilignes ou courbés. Lorsque l'examen est pratiqué sur des insectes colorés ou non, inclus après déshydratation dans le baume du Canada, les filières cylindriques correspondent bien au type décrit par Berlese (1) ; elles se composent d'une sorte de poche formée par une masse cellulaire à plusieurs éléments ; celle-ci continue par un orifice tubulaire qui traverse le tégument et constitue comme le col d'un ballon dans lequel se trouve inséré un tube de plus petit diamètre, de nature chitineuse. La sécrétion s'échapperait par l'espace annulaire compris entre le col et le tube central pour se concréter aussitôt en un filament cylindrique creux. On ne comprend pas bien, dans cette forme, comment le tube interne est maintenu dans le col du ballon ; il semble qu'il devrait être rejeté à l'extérieur à chaque poussée de la substance cireuse.

En réalité, les filières cylindriques ont une tout autre structure. Elles sont constituées par une gaîne cylindrique chitineuse (Fig. 30), débou-

(1) Berlese. — Le Cocciniglie italiane viventi sulli agrumi (*Rivista di pathologia vegetale*, II, 1893).

chant à la surface du test et terminé en cul-de-sac; l'orifice a une largeur de 3 à 5 μ, et le tube a une longueur de 10 à 15 μ. Au fond du tube, et soudé à la membrane chitineuse qui le ferme, se dresse un tube d'un diamètre plus étroit de 2 à 3 μ, dont la longueur atteint la moitié ou les deux tiers de la filière. C'est dans l'espace annulaire compris entre la paroi cylindrique extérieure et le tube interne que se dégage la matière cireuse. Sur les côtés et vers la base du cylindre de la filière, on aperçoit un tube latéral (Fig. 30, *t*) qui communique avec la glande cirière *g*. Les filières cylindriques sont représentées Figure 30 *f* en coupe optique et en *f'* en vue perspective à travers la transparence du test.

On distingue deux tailles différentes de ces filières cylindriques, les unes grandes, ayant plus de 5 μ de diamètre, les autres petites ou moyennes, ayant au maximum 3 μ de diamètre. Les grosses filières sont assez rares et ne se rencontrent pas chez tous les individus; les filières moyennes ou petites sont très nombreuses.

Quand le tube interne a une longueur presque égale à la longueur de la filière, la sécrétion qui s'en échappe est devenue concrète au moment où elle sort de l'espace annulaire et on obtient un tube rectiligne ou courbé (Fig. 30 *s*) à parois plus ou moins épaisses. Quand le tube intérieur est court, la sécrétion n'est pas encore coagulée au moment où elle sort de l'espace annulaire : elle s'extravase alors vers l'intérieur et sort définitivement de la filière sous l'aspect d'un bâtonnet, plissé, rigide et réfringent (Fig. 30, *c*).

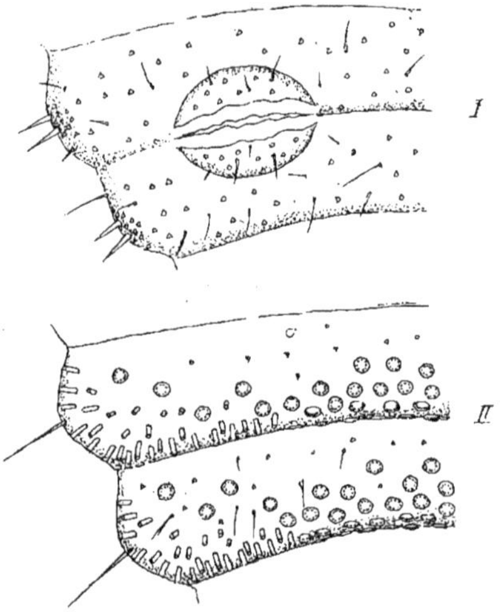

Fig. 31. — Distribution des filières. I, anneau abdominal dorsal, vu au niveau d'un stigmate montrant les filières coniques; II, portion d'anneau abdominal vu par la face ventrale et montrant la distribution des filières cylindriques et des organes en pomme d'arrosoir.

La seconde forme de filières est constituée par les filières coniques (Fig. 30, *c* et *c'*) qui sont les plus répandues et existent seules chez les larves et les premières formes de la nymphe. Vues de profil *c*, elles présentent l'aspect d'un cône surbaissé terminé par un orifice d'où l'on voit s'échapper souvent un cordon de substance cireuse contourné sur lui-même en hélice ou en spirale; vues en projection, leur contour est à peu près triangulaire et a un diamètre de 3 à 5 μ. L'intérieur de ces filières est partagé en un certain nombre de compartiments débouchant dans l'orifice terminal. La glande cirière petite communique avec la base élargie de la filière.

La troisième et dernière forme d'organes dispersés à la surface du test constitue les *organes discoïdes* ou en *pomme d'arrosoir* (Fig. 30 *d* et *d'*) dont l'existence, non signalée chez les *D. Citri* et *D. longispinus*, a été reconnue chez les Cochenilles appartenant à d'autres genres. Ces organes se présentent sous l'aspect de deux cercles concentriques ; le cercle extérieur est garni au dehors d'un certain nombre de festons, le cercle intérieur se continue par une lame chitineuse centrale pleine. C'est dans l'espace annulaire compris entre les deux cercles que l'on aperçoit des points sombres régulièrement espacés correspondant sans doute à des orifices qui donnent issue à la sécrétion.

Vus de profil, ces organes sont en retrait sur la surface du test; la lame chitineuse centrale constitue la région la plus déprimée, elle est bordée d'un anneau saillant qui est séparé d'un deuxième anneau par une fossette annulaire ; c'est dans cette fossette que se trouvent les trous d'où s'échappent la sécrétion.

Il ne nous a pas été possible de préciser la nature de la sécrétion. Nous avons bien observé dans ces organes des cordons cireux enroulés en spirale ou en cercle dans la dépression annulaire qu'elles forment, mais il est possible que cette apparence soit due à un artifice de préparation. Il pourrait se faire que ces organes fussent des appareils d'excrétion de la substance sucrée dont les fourmis sont friandes et qui les attire jusque dans la gaine mycélienne des racines. Cette hypothèse est d'autant plus vraisemblable que, d'une part, ces organes sont localisés sur les anneaux de l'abdomen et à la face ventrale, comme nous allons le voir, et que, d'autre part, nous n'avons pas observé les organes d'exsudation des liquides sucrés tels qu'on les observe chez d'autres insectes.

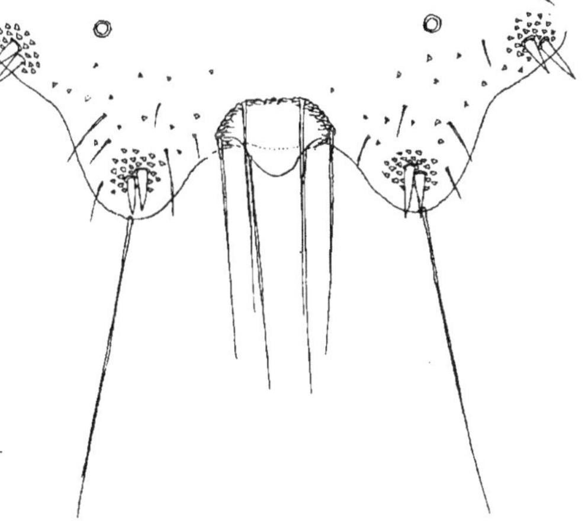

Fig. 32. — Partie terminale d'un Dactylopius, montrant l'anneau pré-anal avec ses six soies et les groupes de filières placées sur les côtés des anneaux.

Distribution des filières. — Chez les larves et chez les nymphes dont les dimensions n'atteignent pas $1^{mm}5$, on ne trouve qu'une seule sorte de filières : ce sont les filières coniques distribuées en plus ou moins grand nombre à la surface du test.

Chez les nymphes qui atteignent ou dépassent $1^{mm}5$ et chez les adultes, toutes les formes de filières se rencontrent dans le tégument, mais leur distribution offre une grande régularité.

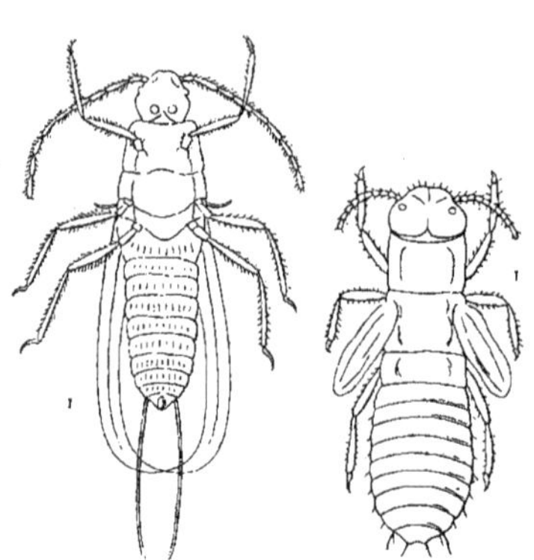

Fig. 33. — Mâle de *D. Vitis* (d'après V. Mayet).
Fig. 34. — Nymphe (mâle) de *D. Vitis* (d'après V. Mayet).

Sur la face dorsale on ne rencontre que des filières coniques, comme on le voit Fig. 31, I, où l'on a représenté deux anneaux de l'abdomen au niveau de l'un des stigmates de la région pré-anale.

A la face ventrale (Fig. 22), les organes discoïdes ou en pomme d'arrosoir sont localisés sur les anneaux de l'abdomen et dans la partie médiane du corps ; sur chaque anneau, ces appareils occupent spécialement la partie postérieure de chaque anneau.

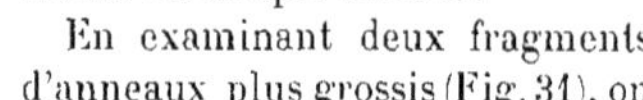

En examinant deux fragments d'anneaux plus grossis (Fig. 31), on peut constater que les filières cylindriques occupent les parties latérales des anneaux vers la région postérieure ; quand on s'avance vers le milieu, les filières cylindriques disparaissent peu à peu et sont remplacées par les organes en pomme d'arrosoir. Çà et là, au milieu des filières cylindriques ou des organes discoïdes, on aperçoit des filières coniques et quelques poils courts irrégulièrement disséminés. Les organes discoïdes n'existent pas dans la région céphalique et sont rares dans la région thoracique.

Chez quelques individus, les filières coniques sont groupées en assez grand nombre sur les parties latérales du corps au voisinage de deux poils courts et massifs (Fig. 32) ; elles forment ainsi un certain nombre de plages de filières accompagnées de grosses filières cylindriques. Mais cette disposition n'est pas constante et chez beaucoup de Dactylopius extraits de racines de Jaffa, les plages de filières sont à peine marquées. Ces différences ne sont pas dues à un âge plus ou moins avancé des insectes, car chez les femelles adultes, au moment de la ponte, on distingue des individus à filières groupées ou à filières clairsemées. La seule différence que l'on observe est que le nombre des individus à filières groupées paraît plus grand chez les Cochenilles de Tunisie vivant presque constamment à l'air que chez les Cochenilles de Jaffa à vie entièrement souterraine.

Formes larvaires. — Dans les nombreux envois qui nous ont été faits à toutes les époques de l'année, de la Palestine, nous n'avons jamais aperçu de mâles; nous figurons ceux-ci d'après Valery Mayet (Fig. 33 et 34). Toutefois, dans les nombreuses larves provenant d'une même éclosion, nous avons observé deux formes différentes (Fig. 35 et 36). Les unes, en plus grand nombre (Fig. 35), sont à contour régulièrement elliptique, et le rapport entre la longueur et la largeur oscille pour les individus examinés entre 1,9 et 2,1, rapport un peu plus élevé que chez les adultes où il oscille entre 1,5 et 1,8.

D'autres larves se distinguent au même âge par un corps plus élancé et le rapport entre la longueur et la largeur oscille entre 2,4 et 2,6 (Fig. 36). Bien

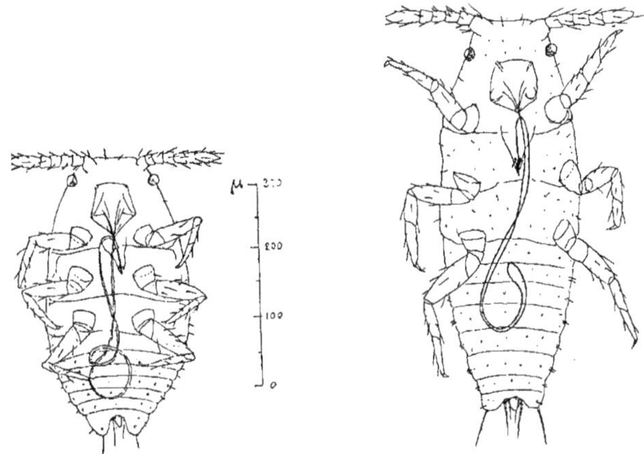

Fig. 35 et 36. — Deux formes de larves chez le Dactylopius.

qu'aucune différence extérieure ne puisse permettre de distinguer parmi les larves celles qui deviendront des femelles et celles qui deviendront des mâles, il nous semble que ces différences de dimensions permettent de distinguer, même dans la période larvaire, les femelles des mâles, ces derniers étant formés aux dépens des larves à corps élancé. Malheureusement l'absence des stades ultérieurs ne nous a pas permis de vérifier cette présomption.

Signoret (1) a vaguement indiqué une différence entre les larves mâles et femelles dans le sens que nous indiquons plus haut, mais nous n'avons pas observé les faits qu'il signale au sujet de la pubescence et du nombre des articles des antennes qui est constant dans les deux formes.

(1) Signoret. Essai sur les Cochenilles (*Ann. Soc. entomol. de France*, 5e s., t. V, p. 327).

La comparaison des individus nombreux à tous les stades du développement, provenant de la Palestine et de la Tunisie, nous permet d'affirmer que nous sommes en présence d'une espèce unique. Par leurs dimensions, par la structure et la forme des appendices et de l'appareil buccal, les Cochenilles de Tunisie entièrement aériennes sont absolument semblables à celles de Jaffa.

M. A. Giard nous signale que c'est bien aussi le *D. Vitis* qui a été observé au Chili par Lataste (1); la Cochenille blanche y vit surtout à l'état de vie aérienne, mais elle y a aussi une vie en partie souterraine.

(1) Actes de la Société scientifique du Chili (t. V, 1895 et t. VI, 1896).

EXPLICATION DE LA PLANCHE IV

1. — Coupe du cuir pratiquée dans la région interne de la gaîne, ou à la face supérieure des cultures, là où la sporulation a lieu : *c*, filaments mycéliens à parois épaissies formant le cuir; *m*, mycélium à membranes minces (coloré par le rouge de ruthénium). — G : $\frac{500}{1}$.

2. — Coupe du cuir pratiquée à la région externe de la gaîne, ou à la face inférieure des cultures en contact avec le liquide nourricier; il n'y a plus dans cette région que du mycélium à parois épaisses, démesurément gonflées et présentant une stratification très nette dans les points où le diamètre des filaments est devenu cinq, six et dix fois égal au diamètre normal (coloration par le rouge de ruthénium). — G : $\frac{500}{1}$.

3. — Fragments du mycélium du *Bornetina Corium* coloré par le diazo brun extra (Bayer et Cie) : *m*, les filaments à parois minces, colorés en brun, dont les cloisons présentent les boucles *b*; *c*, rameaux mycéliens, à parois épaisses, transformés en cuir et colorés en rose. — G : $\frac{800}{1}$.

4. — Rameau mycélien fructifère du *Bornetina Corium*, montrant les spores à divers états de développement : *a*, renflement des filaments représentant la première ébauche des spores; *b*, *c*, *d*, états plus avancés dans lesquels la membrane propre de la spore n'est pas encore formée; *e*, la membrane de la spore est constituée, mais les ornements ne sont pas encore apparents. — G : $\frac{800}{1}$.

5 à 15. — Phases successives de la formation des spores; 5 et 6, première ébauche; 7, formation de la membrane propre de la spore; 8-12, stades plus avancés montrant le développement des ornements. — Dans ces figures, *b* et *d* représentent les restes du filament mycélien dans la partie renflée duquel se développe chaque spore; *b* représente la base d'insertion de la spore : c'est le *manche ; d* représente l'extrémité du filament mycélien, c'est la *calotte*. Dans les figures 9, 10, 13, 14 et 15, on aperçoit, dans la région *b*, un prolongement de la membrane de la spore figurant une sorte de manche; le fragment *b* persiste très fréquemment dans les spores mûres. Le fragment *d*, représentant une petite calotte (fig. 9, 10, 11, 13 et 14), se détache presque toujours avec les vestiges de la membrane mycélienne primordiale. — Fig. 5 à 12, G : $\frac{800}{1}$; Fig. 13 à 15, G : $\frac{1200}{1}$.

16. — Spores trouvées dans la gaîne des racines phthiriosées : *b*, manche de la spore; *d*, calotte. — G : $\frac{900}{1}$.

17 à 27. — Phases diverses du gonflement et de la gélification des filaments formant le cuir. — G : $\frac{500}{1}$.

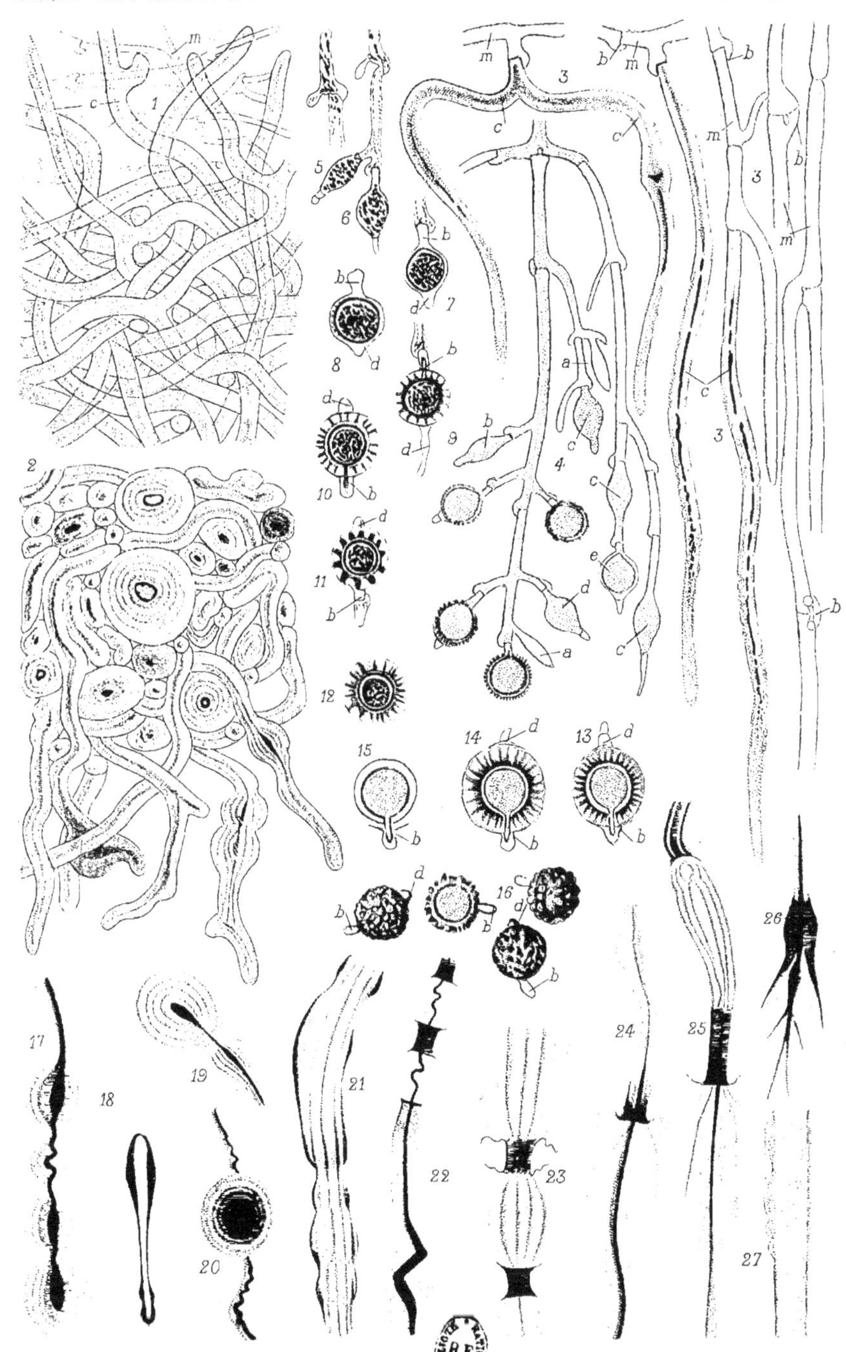

R.F. BIBLIOTHÈQUE NATIONALE

L. MANGIN del. Imp. F. CHAMPENOIS, Paris.

Phthiriose (Bornetina Corium)

IV

ÉTUDE DU « BORNETINA CORIUM »

A. — CONSTITUTION DE LA GAINE DES RACINES PHTHIRIOSÉES

La gaîne coriace, qui enveloppe d'un épais manchon imperméable les racines de vigne en Palestine (Fig. 20) et détermine l'asphyxie des ceps, est très difficile à étudier à cause des nombreux grains de sable qu'elle agglutine. Il est impossible d'y pratiquer des coupes minces et, quand on cherche à en dissocier les diverses parties, la masse se brise en fragments, qui ne permettent pas de reconnaître les rapports de position et les relations entre les diverses parties de la gaîne.

Tout ce qu'on peut observer, c'est que cette gaîne est constituée par un feutrage de filaments dont l'épaisseur moyenne est de 3 à 6 ou 7 μ ; ces filaments ont les parois tellement épaisses qu'ils ne laissent plus apercevoir la cavité interne, sauf dans certains endroits sous l'aspect d'une mince traînée interrompue çà et là et quelquefois dilatée. Dans ce cas, cette cavité renferme des granulations qui se colorent par l'éosine et par tous les colorants du protoplasma, tandis que les filaments conservent leur aspect incolore et très réfringent.

A la partie interne de la gaîne, là où les particules de terre et de sable sont peu abondantes, les filaments sont intriqués en tous sens et forment une masse assez compacte ; mais leur diamètre est uniforme. Dans la partie externe, la gaîne ne se laisse pas dissocier facilement et les filaments sont souvent si gonflés que leur contour externe est à peine apparent ; on voit alors, et en grand nombre, des masses ovoïdes ou sphériques, disposées en chapelets dont les grains ont 30, 40 et même 50 μ de diamètre. Il est difficile de distinguer les filaments à cause de la grande quantité de particules terreuses qui sont logées dans la masse plus ou moins mucilagineuse de la gaîne.

Le caractère commun de ces filaments réfringents, à parois épaisses et plus ou moins dilatées, consiste dans la coloration rose qu'ils prennent sous l'influence du rouge de ruthénium, ce qui les distingue des productions cireuses du Dactylopius qui demeurent toujours incolores dans le même réactif.

A la partie intérieure, comme nous l'avons déjà fait remarquer, la face interne de la gaîne et l'espace laissé entre elle et la racine sont constitués ou revêtus de masses floconneuses d'un blanc de neige au milieu desquelles on trouve les Cochenilles.

Les masses floconneuses renferment les productions cireuses déjà décrites et mélangées à un mycélium délicat dont les filaments ont 1 à 3 µ de diamètre ; la paroi des filaments est extrêmement mince et leur contenu est granuleux ; ce mycélium se continue dans la gaîne coriace des racines, mais ne pénètre jamais bien profondément dans son épaisseur. En raison de la difficulté que l'on éprouve à dissocier la gaîne sans la briser en petits morceaux, à cause de la présence de particules de sable qui s'opposent à l'emploi de forts grossissements, il n'est pas possible de trouver de relation entre le mycélium floconneux qui revêt la paroi interne de la gaîne ou qui occupe l'espace annulaire habité par les Cochenilles et la gaîne elle-même.

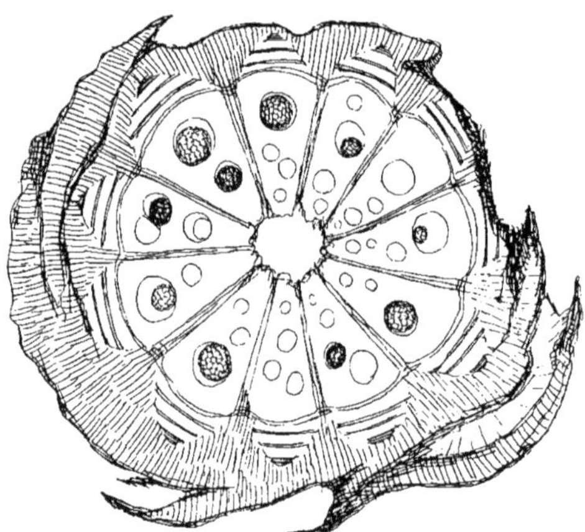

Fig. 37. — Fragment de racine extraite d'une gaine et montrant dans la cavité des vaisseaux du bois, des masses sphériques brunes constituant les sclérotes d'un champignon saprophyte.

Dans les racines phthiriosées à un état plus avancé, la masse blanche floconneuse est remplacée ou couverte d'une poussière brun chocolat constituée par une multitude de spores. Ces spores brunes, sphériques, couvertes d'ornements, ont 10 à 12 µ de diamètre. Là où elles existent en abondance, le mycélium est plus ou moins complètement dissocié et ses filaments, très difficiles à apercevoir, se brisent et se déchirent avec la plus grande facilité.

Les spores se rencontrent dans toute l'étendue de l'espace laissé entre la gaîne et la racine, à la face interne de la première et sur les régions plus ou moins dissociées de l'écorce ; mais jamais on ne les rencontre dans les tissus de la racine, jamais non plus on n'y trouve le mycélium incolore qui paraît servir de support à ces spores.

Chez un certain nombre de racines, nous avons observé, avons-nous dit (voir p. 37), un autre mycélium, dont les filaments ont des parois épaisses, brunes ; il s'enfonce dans l'écorce, pénètre dans le bois et se concrète à l'intérieur des larges vaisseaux du bois en masses sphériques d'un brun plus ou moins foncé presque noir, ressemblant à des périthèces de Périsporiacées (Fig. 37). Il n'y a aucune relation entre ce mycélium brun et le mycélium floconneux de la gaîne. Le mycélium brun appartient à une espèce saprophyte que nous avons pu isoler et cultiver. Nous reviendrons dans un autre travail sur cette espèce intéressante à divers titres, mais qui ne joue dans la Phthiriose aucun rôle essentiel, car elle manque dans beaucoup de racines phthiriosées.

Les seuls éléments histologiques constants de la Phthiriose sont constitués :

1° Par les filaments à parois épaisses réfringentes de la gaîne qui emprisonne les racines; ces filaments forment ce que nous avons décrit sous le nom de *cuir* ;

2° Par le mycélium blanc floconneux remplissant l'espace interne laissé entre la gaîne et la racine ;

3° Par les spores brunes hérissées d'ornements.

Si l'on peut considérer les spores comme les appareils de fructification du mycélium floconneux en raison des nombreuses relations de continuité qu'on observe dans les masses dissociées, il n'est pas possible de reconnaître les connexions de la masse qui forme la gaîne. Les réactions qu'elle possède, coloration par le rouge de ruthénium, qui laisse les matières cireuses incolores, coloration des granulations que l'on trouve çà et là dans certains de ses filaments, font penser à un mycélium, mais la structure et la réfringence des filaments font de l'espèce qui les forme un type très différent de tous ceux que nous connaissons.

Reproduction par cultures artificielles des éléments de la gaîne. — Les cultures pouvaient seules faire connaître la nature et l'origine de la gaîne des racines phthiriosées. Nous avons recueilli la poudre brun chocolat qui se trouve à la face interne de la gaîne dans la période un peu avancée de la maladie, et nous avons ensemencé de très nombreux milieux variés.

Les spores germent assez facilement et, sur les milieux solides que nous avons employés d'abord, développent un mycélium délicat à parois minces qui produit rapidement des spores très semblables à celles qui ont servi pour les semis. Nous avons renouvelé, à plusieurs reprises, les semis au moyen des échantillons que nous a adressés M. J. Niégo, et, après plusieurs ensemencements, nous avons toujours obtenu les cultures pures qui donnent, au bout de quelques semaines, les spores caractéristiques de la gaîne des racines phthiriosées. Dans nos premiers essais, nous avons employé le lait glycériné ou gélosé, et les cultures développées à la surface du milieu nutritif ont formé seulement un mycélium délicat rapidement couvert de spores brun chocolat; rien ne nous faisait prévoir que la gaîne coriace qui cause la mort des racines dût appartenir à l'espèce que nous avions cultivée.

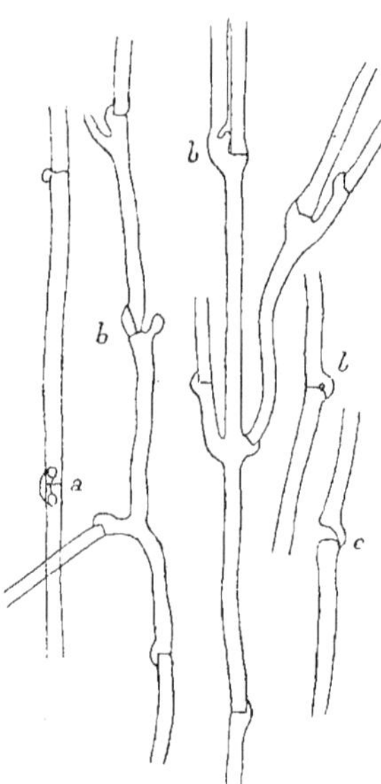

Fig. 38. — Mycélium végétatif avec ses boucles *b*, parfois remplacées par un tube en arcade *a*; *c*, dissociation d'un filament au niveau d'une boucle.

Nous avons essayé les milieux liquides, jus de haricots, de carotte, de pois chiche, etc., et décoctions de blé, d'avoine, de riz, etc., additionnés d'une petite quantité de sucre. La germination des spores s'est produite comme sur les milieux solides et elle a fourni un mycélium immergé dont la végétation très rapide et très vigoureuse a développé, à la surface du liquide nourricier, une membrane d'un beau blanc de neige. Cette membrane n'a pas tardé à se déformer et à se plisser par suite de la vigueur de la végétation, puis elle s'est couverte d'une poussière brune constituée par les spores.

La masse blanche d'aspect floconneux servant de support aux fructifications est très dure et résistante; il est très difficile de l'extraire du ballon de culture à cause de sa consistance, et on est souvent obligé de casser le ballon pour la sortir. Isolée, elle a la consistance du cuir ou du caoutchouc, elle est semblable exactement à la gaîne des racines phthiriosées : c'est le cuir que nous avons décrit.

L'examen microscopique confirme les résultats de l'observation macroscopique et montre que la masse coriace et résistante est formée de filaments réfringents identiques à ceux de la gaîne des racines.

En répétant les semis dans les milieux liquides, nous avons obtenu constamment les mêmes résultats, et nous pouvons affirmer que le cuir, le mycélium floconneux et les spores appartiennent à une seule et même espèce nouvelle que nous avons dédiée à notre maître et ami M. le Dr E. Bornet, membre de l'Institut.

Pour bien marquer la caractéristique de cette espèce, qui réside dans la formation d'une masse coriace semblable à du cuir, nous avons ajouté au nom générique *Bornetina* le nom spécifique *Corium*.

B. — CONSTITUTION DU « BORNETINA CORIUM »

Mycélium. — L'espèce nouvelle dont nous allons retracer l'histoire présente un appareil végétatif, constitué par un mycélium dont les filaments cylindriques sont à parois minces, cloisonnés plus ou moins régulièrement et présentant, au niveau des cloisons, les formations en boucles (Fig. 38) qui ont été observées depuis longtemps chez les AGARICINÉES et les POLYPORÉES (1).

Pendant la première période de la végétation, les segments des filaments mycéliens sont rectilignes et très longs, avec des ramifications latérales nombreuses, naissant au niveau des cloisons à boucles, tantôt isolément tantôt deux par deux. Le diamètre des filaments varie de 1 à 3 µ (Pl. IV, fig. 3 *m*). Dans les cultures, tous les segments demeurent adhérents et forment de très longs filaments; toutefois, quand les cultures sont un peu âgées, certains de ces filaments peuvent se désarticuler et l'un des segments présente son extrémité terminée par la cloison transversale un peu arrondie sur les bords, mais toujours flanquée sur l'un des côtés d'un petit bourrelet saillant constitué par la boucle de la cloison (*c*, Fig. 38).

Dans certains filaments très âgés, les cavités des deux segments sont réunis de part et d'autre de la cloison par un canal formant une petite anse en boucle en dehors de celle-ci (*a*, Fig. 38), mais le plus souvent elles sont interrompues par une membrane généralement oblique par rapport à la cloison principale.

La paroi des filaments mycéliens est mince et homogène ; dans certaines cultures elle présente, çà et là, quelques épaississements irréguliers qui font saillie à l'intérieur de la cavité du filament.

Quand la végétation est assez avancée, on voit les cloisons se multiplier et des rameaux nombreux se développent latéralement sur les segments courts ; l'abondance des cloisons et des ramifications indique le moment où la sporulation va avoir lieu. Il se forme ainsi, à l'extrémité de chaque rameau, de véritables arbres conidiophores dont chaque branche va former une ou plusieurs spores, ordinairement deux et en direction basipète (Fig. 39). Mais le support commun de plusieurs spores n'est souvent pas assez résistant pour se dresser à la surface du substratum, il reste alors étalé ; et, comme les ramifications se développent toutes en même temps, les filaments fructifères s'enchevêtrent les uns dans les autres et les spores forment, à la surface des liquides ou des substances nutritives ou à la surface de la lame de cuir, quand elle se développe, une couche épaisse pulvérulente dans laquelle il est difficile d'isoler les ramifications arborescentes fructifiées.

(1) DE BARY. — Vergleichende Morphologie und Biologie der Pilze, Mycetozoen und Bacterien (1884, p. 2).

D'ailleurs, quand les spores sont mûres, le mycélium se désagrège assez rapidement par la désarticulation des segments et par la résorption des parois ; de sorte que toute la masse fructifiée, d'abord assez compacte, devient pulvérulente par l'émiettement de ses diverses parties.

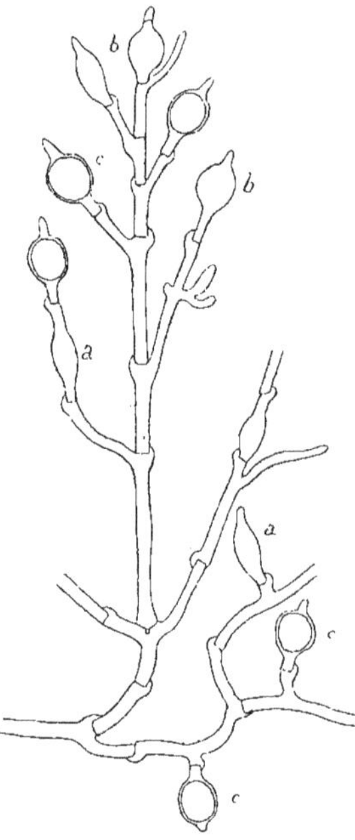

Fig. 39. — Rameau fertile portant des sporanges monosporés à divers états de développement : *a*, état jeune ; *b*, état plus avancé ; *c*, spore déjà ébauchée dans le sporange.

Formation des spores. — La formation des spores a lieu par un mécanisme tout particulier. Les spores sont endogènes, et toujours enveloppées, au début de leur formation, par la membrane du rameau mycélien dans lequel elles ont pris naissance. Au point de vue de l'origine, on ne peut guère les comparer qu'à des sporanges de Mucorinées, mais à des sporanges monosporés comme chez les *Chætocladium* et les *Thamnidium*. En tout cas, cette formation est bien différente de celle qui caractérise les Basidiomycètes.

Voici comment cette formation a lieu. Les rameaux dans lesquels doivent se former les spores s'allongent et s'élargissent d'abord en forme de fuseau, après s'être séparés des segments végétatifs par des cloisons rapprochées (Pl. IV, fig. 4, *a*, *b*, *c*, et fig. 5 et 6) (Fig. 39 et 40 *a*, *b*). La masse protoplasmique dense que contiennent ces renflements fusiformes se contracte et s'entoure bientôt d'une membrane propre sphéroïdale occupant la région moyenne du fuseau et laissant entièrement vides les extrémités du filament fusiforme (*b* et *d*, fig. 7, Pl. IV) (Fig. 39 *c* et 40 *e*).

L'enveloppe de la masse cellulaire, isolée dans chaque sporange, est d'abord homogène ; mais on aperçoit bientôt, dans l'espace qu'elle laisse entre sa partie externe et la membrane du filament sporifère, un grand nombre de petits bâtonnets fixés sur la membrane de la spore et dirigés en divergeant vers la membrane sporifère. C'est l'ébauche des ornements de la spore (Pl. IV, fig. 8.) (Fig. 40 *d*, *e*). A partir de ce moment, la membrane sporifère se dédouble en une partie interne réfringente et lisse, c'est l'endospore, et une partie externe, l'exospore, hérissée de baguettes ou de lames saillantes divergentes qui s'allongent et viennent adhérer à la membrane du sporange dont le diamètre a considérablement augmenté (Fig. 40, *f*). Peu à peu, les contours de cette dernière membrane perdent de leur netteté, et elle disparaît plus ou moins complètement, ne laissant parfois qu'une partie très restreinte de son étendue qu'elle soude aux ornements de l'exospore.

Toutefois, les extrémités de la cellule fusiforme, dans laquelle s'est formée la spore, persistent jusqu'à la maturité avec une portion de la membrane primitive formant la *calotte*, *d*, et le *manche* (Pl. IV, fig. 7 à 14) (Fig. 40 *g*) qui constituent, en dehors de la surface formée par l'extrémité des ornements, deux protubérances plus ou moins volumineuses.

C'est la *calotte* formée par la région externe du filament mycélien qui persiste le moins souvent (fig. 9, 10, 11, 13, 14, Pl. IV); au contraire, la base du filament mycélien fructifère, que nous avons désignée sous le nom de *manche* (fig. 6, 11, 13 et 14, Pl. IV) (Fig. 40 *g*), reste presque toujours après la dissociation des spores, et constitue le filament court rectiligne ou arqué dont nous avons signalé l'existence dans les spores retirées de la gaîne des racines phthiriosées (fig. 16, *b*, Pl. IV).

Fréquemment, dans les cultures, la membrane de l'endospore envoie dans le manche formé par le filament basilaire un diverticulum (fig. 9, 10, 13, 14, 15, Pl. IV) (Fig. 40 *e*, *f*, *g*). La figure 15 de la Pl. IV montre les détails de l'appendice *b* adhérant encore à un fragment de la membrane du filament sporifère et renfermant un diverticulum de l'endospore; dans cette figure, l'exospore est lisse. Par contre, la figure 12 de la même planche montre une spore dépourvue de la calotte et de la queue, dont l'exospore présente à l'extrémité de ses ornements des restes de membrane du filament sporifère.

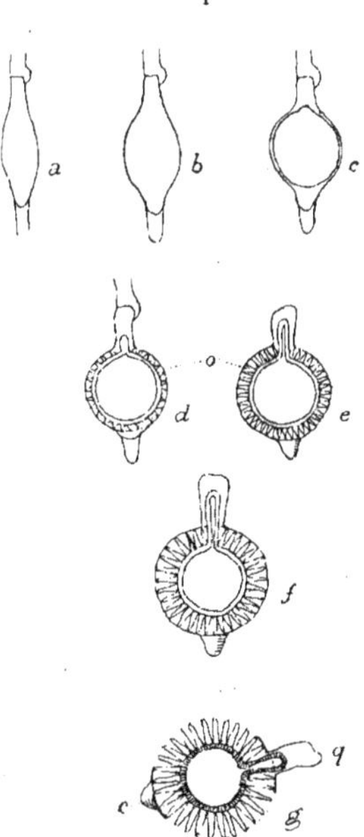

Fig. 40. — Phases diverses du développement des spores : *a*, *b*, première ébauche du sporange; *c*, sporange dans lequel la spore est déjà individualisée; *d*, *e*, sporange montrant le développement des ornements de l'exospore dans l'espace laissé entre l'endospore et la membrane du sporange *o*; *f*, sporange presque mûr avec les filaments de l'exospore et la membrane du sporange encore entière; *g*, spore mûre, la membrane du sporange s'est liquéfiée en laissant la calotte *c* et le manche *q*, dans lequel l'endospore envoie un prolongement.

Incolores pendant une grande partie de leur développement, les spores prennent une teinte brune par la diffusion d'une matière colorante dans l'endospore; l'exospore est aussi colorée, mais c'est seulement dans la partie appliquée contre l'endospore que la matière colorante est fixée, les ornements variés sont ordinairement incolores. Quand les spores sont examinées dans un liquide très réfringent, comme le chloral glycériné, ces ornements deviennent très peu apparents par suite d'un léger gonflement, et la spore paraît lisse. Toutefois, dans les spores naturelles telles qu'on les extrait de la gaîne des racines phthiriosées, les ornements peu épais et émoussés prennent aussi la teinte brune du reste de la spore. Ordinairement, les restes du filament mycélien, le manche et la calotte sont incolores, mais on les voit aussi quelquefois fortement colorées en brun.

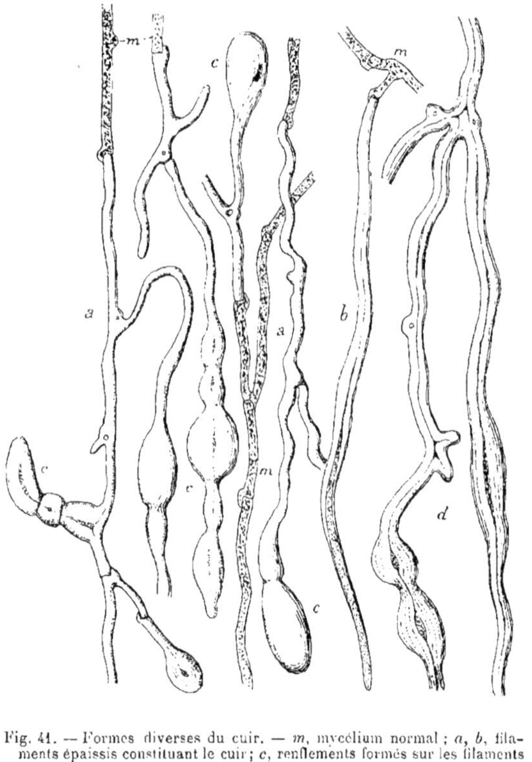

Fig. 41. — Formes diverses du cuir. — *m*, mycélium normal ; *a*, *b*, filaments épaissis constituant le cuir ; *c*, renflements formés sur les filaments du cuir ; *d*, fragment de filament de cuir ramifié et gonflé par places.

Les spores du *Bornetina* sont donc endogènes et elles présentent cette particularité d'avoir dans leur enveloppe des membranes ou des pièces d'origine différente. Aux enveloppes propres de la spore, endospore lisse et exospore ornée de sculptures, se joignent les restes de la paroi du sporange et des extrémités du filament mycélien qui le reliait au reste du thalle. Nous pourrions donc considérer le *Bornetina* comme pourvu de sporanges monosporés semblables à ceux de certaines Mucorinées. La membrane du sporange disparaît en grande partie par une véritable liquéfaction qui, à l'inverse de ce qui se passe chez les Mucorinées, n'est pas précédée par la gélification. Il resterait toujours, à titre de vestiges du filament formateur, les pièces que nous avons décrites et figurées sous le nom de calotte *d* et de manche *b* (fig. 8 et 16, Pl. IV) ; cette disposition est tout à fait caractéristique des spores du Bornetina : si la calotte manque parfois ou est peu visible, le manche existe constamment.

Constitution et développement du cuir mycélien. — Le cuir mycélien, comme nous l'avons vu plus haut, se développe abondamment dans beaucoup de milieux nutritifs liquides : décoction de carottes, haricots, etc., etc. C'est dans ces cultures que nous avons pu observer le développement de ces filaments mycéliens d'une nature si particulière.

En dissociant le mycélium développé à la surface des liquides nutritifs, et avant qu'il ait pris la consistance du caoutchouc, on peut suivre toutes les phases de la formation du cuir. Au milieu du mycélium à boucles, caractérisé par la membrane très mince, on aperçoit çà et là des rameaux simples ou ramifiés, à parois très épaisses, réfringentes, et laissant à peine au milieu un canal extrêmement étroit représentant la cavité cellulaire et renfermant des granulations. Vers l'extrémité arrondie, la membrane s'amincit peu à peu, et la cavité, relativement grande, renferme un protoplasme à fines granulations, dont l'activité est employée à allonger le filament et à produire des ramifications plus ou moins nombreuses (Fig. 41, *b*).

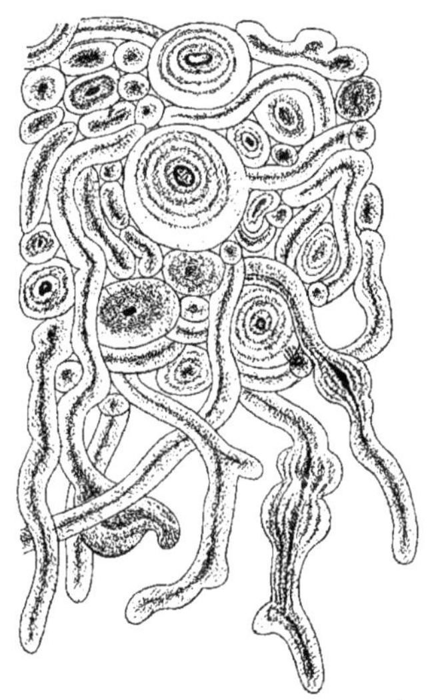

Fig. 42.— Portion de la masse de cuir mycélien située à la face supérieure, en contact avec les liquides de culture.

Dans les cultures où le cuir prend un grand développement, les nombreux rameaux, à parois épaisses, qui se détachent du mycélium développé à la surface du liquide, se dirigent vers le liquide, se feutrent les uns les autres et constituent bientôt un lacis inextricable de filaments, qui contribuent à former la masse de cuir d'une consistance si particulière. La dissociation du cuir ne peut fournir de fragments excellents pour l'étude, à cause de sa consistance cartilagineuse, mais on peut y pratiquer des coupes relativement minces dont la planche IV (fig. 1 et 2) représente une partie. La figure 1 donne la section transversale du cuir dans la partie externe au contact de l'air, celle sur laquelle se développeront les spores. Là, le cuir est formé de filaments cylindriques *c*, d'un diamètre très uniforme, oscillant, suivant les cultures, entre 4 et 8 μ. La partie la plus externe est assez lâche et présente, au milieu des filaments de cuir *c*, le mycélium délicat à cloisons et à membranes minces *m* ; vers la partie interne, ce dernier disparaît et la masse du cuir devient homogène et compacte. Au fur et à mesure qu'on examine des parties plus profondes du cuir, la compacité ne change pas, mais les filaments enchevêtrés changent d'aspect ; ils se gonflent plus ou moins régulièrement et la coupe devient hétérogène (fig. 2, Pl. IV) (Fig. 42). Au milieu de filaments qui ont conservé le diamètre normal, on aperçoit des parties renflées dont l'épaisseur devient cinq, six ou dix fois égale à celle des filaments primitifs ; cette épaisseur est égale à 30 ou 40 μ et, dans les masses ainsi épaissies, la structure de la membrane apparaît avec une grande netteté.

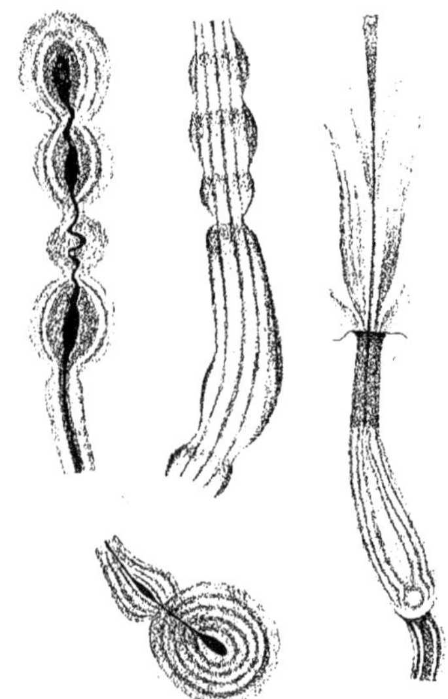

Fig. 43. — Phases diverses du gonflement et de la gélification du cuir. — A gauche, on aperçoit des filaments en chapelets ; à droite, un filament dont les parties dissociées rappellent la gaine des *Scytonema*.

Tout à fait à la surface interne du cuir, celle qui est en contact avec le liquide nutritif, la masse devient mucilagineuse et a la consistance du *Batrachospermum*. Les figures 17 à 27 de la planche IV et la Figure 43 montrent les détails de structure des filaments du cuir quand ils sont gonflés et commencent à se transformer en mucilages. Les préparations ont été colorées au bleu carmin, au violet Hoffmann.

Dans les figures 17 à 21 (Pl. IV), les diverses strates qui constituent la membrane sont inégalement colorées, les plus claires occupent la région externe et la teinte se fonce graduellement jusqu'à la partie centrale où le contenu est fortement coloré en violet noir (fig. 17, 19, 20, Pl. IV). Parfois cependant, on observe des zones plus claires, alternant avec des zones plus foncées (fig. 18), ou des bandes foncées plus colorées à la périphérie que dans la partie centrale (fig. 21).

Tous les filaments sont limités par une membrane extrêmement mince qui demeure toujours incolore dans les divers colorants et qui ne participe jamais au gonflement ou à la gélification des membranes. Quand celles-ci se gonflent, la membrane externe éclate par places et se plisse de manière à former, dans les filaments, des zones où elle persiste et dont le diamètre demeure faible, séparé par des zones gonflées moins colorées, plus ou moins stratifiées (fig. 22 et 23, Pl. IV). Dans la figure 23, on aperçoit, au niveau des étranglements les restes fripés de la membrane qui enveloppe les filaments. La figure 22 rappelle, avec ses zones alternativement gonflées et minces et son contenu irrégulièrement plissé, l'aspect des fibres du coton brut quand elles ont commencé à se gonfler par places sous l'influence du réactif de Schweitzer. Schacht a figuré depuis longtemps (1) ces aspects particuliers des fibres du coton que nous retrouvons ici avec des membranes d'une nature différente. Dans la figure 23, le gonflement est plus accentué et les couches externes ont commencé à se liquéfier; cette figure représente aussi l'aspect des fibres du coton quand la liqueur de Schweitzer a commencé à les désagréger.

La désagrégation consécutive au gonflement ne se produit pas toujours aussi régulièrement en progressant du dehors au dedans, comme le montre la figure 23. Les figures 24, 25, 26 (Pl. IV), montrent les divers aspects que prennent les fibres du cuir en se désagrégeant en éventail, plus rapidement en certaines parties qu'en d'autres; elles présentent alors l'aspect de gaînes coniques imbriquées les unes dans les autres et tout à fait semblables aux filaments de certaines Algues, notamment celles du genre *Scytonema* (Fig. 43).

C'est à la présence de ce mucilage, produit par le gonflement et la dissolution des membranes, que le cuir doit cet aspect et ce toucher gélatineux ou visqueux dans la face inférieure des lames retirées des flacons de culture. Dans les racines phthiriosées, c'est dans la partie externe de la gaîne que la gélification des membranes a lieu, et la gelée ainsi constituée cimente les particules sableuses ou terreuses en une masse d'abord élastique comme du cuir et du caoutchouc, quand elle retient encore une certaine quantité d'eau, devenant dure et cassante à mesure qu'elle se dessèche, et finalement destinée à s'effriter et à tomber en poussière quand la dessiccation est complète.

La nature chimique des filaments qui constituent le cuir n'est pas moins intéressante à étudier que leur aspect physique. Sur ce point nous nous bornerons à donner de brèves indications, car nous nous réservons d'élucider la question, si spéciale et si nouvelle, de la nature chimique des membranes du *Bornetina* dans un autre travail.

Les filaments réfringents qui constituent le cuir sont assez résistants à l'action des colorants. Nous avons pu les teindre avec le rouge de ruthénium, le violet de Roux, le bleu carmin, assez difficilement avec le bleu de méthylène. Quand ils ne sont pas encore gonflés, la membrane qui les protège oppose un obstacle considérable à la pénétration des colorants; la fixation a lieu surtout dans la masse gonflée en y faisant apparaître des zones plus ou moins denses; la membrane limitante demeurant toujours incolore.

(1) Schacht. Die Pflanzenzelle.

Lorsque les filaments du cuir sont mis en ébullition avec la potasse à 2 %, ils se colorent par le diazo brun extra. On obtient alors une coloration double indiquée dans la Planche IV, fig. 3; le mycélium végétatif *m* se colore en brun clair et les filaments du cuir *c* en rose plus ou moins foncé. Cette coloration rose est aussi celle que prend la cellulose normale, mais nous ne pouvons pas identifier la substance du cuir avec la cellulose parce que, d'une part, elle est sans action sur la lumière polarisée, et, d'autre part, elle est insoluble dans le réactif de Schweitzer, même après l'action de l'acide chlorhydrique.

D'un autre côté, après avoir été mis en digestion à froid dans l'acide chlorhydrique mélangé de chlorate de potassium, le cuir se dissout dans la potasse chauffée, rappelant un peu les propriétés de la callose, mais les réactifs colorants de cette dernière substance demeurent sans action sur les filaments du cuir. La substance qui forme le cuir paraît donc être une substance fondamentale nouvelle que nous étudierons complètement dans un autre travail.

C. — AFFINITÉS DU « BORNETINA CORIUM » SA PLACE DANS LE CADRE DES CHAMPIGNONS

Examinons maintenant la place qu'il convient d'assigner au *Bornetina Corium* dans le groupe des Champignons.

Nous avons songé d'abord à placer notre nouvelle espèce dans le groupe des Ustilaginées, à cause de la ressemblance que présentent ses spores avec celles de certains genres du groupe. Nous avons comparé au Bornetina quelques espèces des genres *Ustilago*, *Entyloma*, *Urocystis*, *Tilletia*, etc., et nous avons pu nous convaincre que, par la forme et les ornements des spores, le *Bornetina* se rapproche surtout d'un certain nombre d'espèces du genre *Ustilago*. Le mode de formation des spores n'ayant pas été suivi de très près pour les divers genres des Ustilaginées, nous avons cherché, en examinant des échantillons de plantes infectées par ces divers parasites, à trouver des termes de comparaison dans les divers états de maturation des spores. Nous avons retrouvé, chez certaines d'entre elles, des appendices un peu plus grands que les ornements; ils représentent le vestige du rameau mycélien qui a formé des spores. C'est quelque chose d'analogue à ce que nous avons désigné sous le nom de *manche* chez les spores du Bornetina.

S'il existe quelque analogie entre les spores de notre espèce et les spores de certains Ustilago, cette analogie n'existe plus quand on compare les appareils végétatifs, c'est-à-dire les mycéliums. La présence constante de cloisons à boucles dans le mycélium du Bornetina éloigne cette espèce des Ustilaginées, car les cloisons semblables ne s'y rencontrent pas ou sont très rares; nous en avons aperçu seulement dans quelques espèces, notamment chez les *Entyloma*.

Le mycélium à boucles se rencontre chez les Basidiomycètes, et de Bary cite un certain nombre d'espèces qui possèdent cette forme caractéristique des cloisons (1). Il est vrai que la nature parasitaire des Ustilaginées peut imprimer à leur mycélium un caractère très différent de celui des espèces purement saprophytes, mais la présence des boucles est trop constante chez le Bornetina, malgré les transformations que l'espèce subit dans les divers milieux, pour qu'on ne lui accorde pas une valeur importante. Nous verrons plus loin que les spores se modifient considérablement suivant la nature des milieux, que les filaments réfringents n'apparaissent pas toujours, mais le mycélium végétatif demeure, sauf dans quelques cas, identique à lui-même. Par ses caractères constants, ce mycélium rapproche le Bornetina des Basidiomycètes, il s'en éloigne toutefois, parce qu'il ne possède qu'une forme de spores correspondant aux conidies qui ont été signalées et étudiées dans un certain nombre de genres (2); malheureusement, l'insuffisance des données publiées sur le développement des conidies des Basidiomycètes ne nous permet pas de tenter un rapprochement plus étroit.

Le mycélium réfringent qui constitue le cuir a des affinités tout autres. Nous ne trouvons rien dans l'organisation des Ustilaginées qui s'en approche, mais de nombreux observateurs ont décrit, chez les Polyporées et chez d'autres Basidiomycètes, des cellules allongées, ramifiées, à parois si épaisses que la lumière des filaments a presque disparu : c'est ce que l'on peut observer dans l'appareil sporifère des *Polyporus fomentarius*, *P. igniarius*, dont les fibres fournissent l'amadou. La ressemblance entre les filaments du cuir et les fibres de l'amadou est tout extérieure; la nature, le mode de gonflement et de gélification des premiers ne rappellent rien de ce que l'on observe dans l'amadou, même sous l'influence des réactifs.

Si nous voulons rechercher des tissus qui rappellent les transformations subies par le cuir, c'est chez les Algues que nous trouverons tous les types auxquels les éléments du cuir peuvent être comparés, soit qu'ils rappellent la gaîne des *Scytonema*, soit qu'ils se désagrègent comme les membranes cellulaires des *Chondrus*, du *Chorda filum*, etc.

Le *Bornetina Corium* offre donc des affinités multiples avec les Ustilaginées d'une part, les Basidiomycètes de l'autre, et enfin avec le thalle de certaines Algues. Non seulement il constitue une espèce nouvelle, mais il nous paraît représenter un groupe spécial, celui des **Bornétinées**, que nous rangerons provisoirement entre les **Ustilaginées** et les **Basidiomycètes**.

(1) De Bary, *loc. cit.*, p. 2.

(2) J. de Seynes. Recherches pour servir à l'histoire naturelle des végétaux inférieurs (II. *Polypores*, 1888).

D. — INFLUENCE DES CONDITIONS DE MILIEU SUR LA GERMINATION ET LE DÉVELOPPEMENT

Influence de la température. — Les spores du *Bornetina* sont susceptibles de germer dans des milieux présentant des écarts de température assez considérables.

La limite inférieure paraît être comprise entre —5 et —6 degrés. A cette température, en effet, nous n'avons jamais observé de germination. Les milieux nutritifs, ensemencés avec des spores mûres, ont manifesté un commencement de germination à —3 et —4 degrés. A la température de —1 à 0 degré, le nombre des spores germées est bien plus considérable, mais la germination est encore lente. Les essais répétés à + 2 et + 3 degrés, à 4 et 5 degrés ont montré que la germination avait lieu dans toutes les spores à peu près comme dans les conditions normales, mais, une fois la germination commencée, le développement du mycélium demeure extrêmement lent.

La limite supérieure de la germination des spores est de 40 à 42 degrés. En effet des liquides nutritifs ensemencés et maintenus à 40 et 42 degrés sont restés inertes; ramenés à la température de 28 degrés, la germination n'a pas eu lieu davantage. Non seulement les spores ne germent pas à plus de 40 degrés, mais elles sont tuées à cette température quand elles demeurent dans un milieu humide.

Leur résistance à l'élévation de température n'est pas beaucoup plus grande lorsque les spores sont maintenues à l'état sec. Des spores, dans des expériences répétées, ont été portées lentement au-dessus de 40 degrés, et maintenues pendant trente minutes ou une heure à 50, 48 ou 45 degrés, puis ensemencées dans les milieux nutritifs les plus favorables; aucune de celles qui avaient été maintenues, en milieu sec, à 50 degrés, n'a manifesté le moindre signe de germination; les spores portées à 48 degrés ont germé mal et très lentement; celles soumises, pendant une heure, à une température sèche de 45 degrés, ont un peu mieux germé. La résistance des spores du *Bornetina Corium* aux températures élevées n'est donc pas plus grande en milieu sec qu'en atmosphère humide.

Les limites de la germination des spores sont donc comprises entre — 6 et + 40 ou + 45 degrés. Entre ces limites, l'optimum est environ 27 ou 28 degrés. En effet, c'est entre 25 et 30 degrés que les développements sont les plus rapides et que la végétation est la plus luxuriante.

Le développement continue encore à 22 degrés. Mais à une température plus basse il devient très lent, bien que la germination puisse avoir lieu. Ainsi, à 13 ou 14 degrés, le développement des cultures est presque stationnaire, et il suffit de transporter les cultures à 27 degrés pour obtenir aussitôt une activité et une croissance énormes.

Jusqu'à 35 degrés, le développement est encore assez rapide, mais à partir de cette température, le développement se ralentit progressivement et même complètement à partir de 40 degrés. Des cultures en pleine végétation ont été portées progressivement de 28 à 48 degrés, la végétation a entièrement cessé dès qu'elles ont été soumises à 42 degrés.

Si on les ramène à l'optimum, elles demeurent inertes; le mycélium est donc tué ainsi que les spores à la température dépassant 40 degrés. Remarquons toutefois que les spores conservées à l'état sec germent encore après avoir été soumises à la température de 48 degrés.

Durée de la faculté germinative. — Dès qu'elles sont constituées et qu'elles ont pris leur coloration brune, les spores peuvent germer lorsqu'elles sont placées dans les conditions normales. Elles sont donc mûres physiologiquement aussitôt qu'elles sont constituées et se séparent du mycélium formateur.

Si on les conserve plus ou moins longtemps dans un milieu modérément sec, elles conservent leur faculté germinative. Ainsi, des spores recueillies neuf et quatorze mois après leur formation ont été ensemencées; elles nous ont donné des cultures entièrement semblables à celles que fournissent les spores de formation récente, nous n'avons pu observer aucune différence dans la rapidité du développement. C'est seulement avec des spores recueillies après dix-huit ou vingt-quatre mois que nous avons constaté un ralentissement dans le développement des cultures. Nous estimons à deux ans au plus la durée de la faculté germinative des spores du Bornetina.

Germination. — Si la germination a lieu de — 6 à + 40 degrés, elle n'est rapide, comme nous l'avons dit, qu'à 27 ou 28 degrés. A cette température, la germination ne commence guère que le troisième jour, quel que soit le milieu nutritif. On voit alors un filament mycélien se détacher de la spore en déchirant les ornements que présente la membrane externe. Avant d'avoir connu le mode de formation des spores, nous nous étions parfois trompé sur le début de la germination, en prenant comme tube germinatif la production que nous avons appelée *manche* et qui n'est autre chose que le reste de la base du filament mycélien qui a formé la spore. Jamais le tube germinatif ne se développe en cette région.

Si la membrane interne de la spore envoie parfois un diverticule dans ce manche, la masse protoplasmique y est trop peu abondante et la membrane est trop épaisse pour que la germination ait lieu en cet endroit. C'est toujours en dehors de la région du manche que le filament germinatif se montre.

La germination commencée, le Bornetina croît d'abord très lentement, puis la poussée végétative se produit plus ou moins vigoureusement, suivant les milieux, à partir du dixième ou quinzième jour.

Les cultures restent vivantes et continuent à se développer pendant des mois, nous avons eu des milieux où la végétation s'est poursuivie pendant plus d'un an; elle est toujours très vigoureuse pendant trois à six mois, suivant les milieux nutritifs; on obtient suivant les capacités des ballons de culture, des masses qui peuvent aller à 500 grammes et plus.

Pendant ce développement, les cultures présentent des particularités qui varient avec les conditions de milieu et avec la nature des milieux nutritifs. Le mycélium végétatif, caractérisé par les filaments délicats pourvus de boucles, peut s'accroître plus ou moins rapidement en demeurant semblable à lui-même; d'autres fois, ce mycélium se transforme en une masse résistante que nous avons nommée cuir, caractérisée par des filaments à parois épaisses et réfringentes. D'autre part, dans certains cas, la sporulation est lente à se produire, d'autres fois elle est très rapide. Il y a là dans la végétation du Bornetina des modalités diverses que nous dégagerons plus loin pour expliquer les dispositions si singulières qui caractérisent les vignes phthiriosées.

Sporulation. — Nous avons dit qu'à l'état naturel, sur les racines phthiriosées, la production des spores avait lieu au moment où la gaîne mycélienne passait de l'état de cuir souple et élastique, à l'état de ciment très dur par la dessiccation. Il convient d'étudier l'influence de la sécheresse sur la formation des spores.

Fig. 44. — Jeune arborescence fructifère du *B. Corium*. — Gr. 1/1.

Action de la sécheresse sur la sporulation. — Cette influence se manifeste aussi dans les cultures. Sur les milieux solides (gélose ou gélatine associées à des liquides nutritifs), la sporulation est très rapide, principalement sur gélose, même avec des matériaux nutritifs dont les bouillons forment difficilement des spores; tel est le cas pour les carottes. Toutefois, la sporulation, pour si rapide qu'elle soit, est précédée de la formation d'une lame de cuir bien blanche d'abord et se couvrant à la surface, et en très peu de temps, d'une poussière brun chocolat.

Sur lait ou haricot gélatinisé ou gélosé, sur moût gélosé, la sporulation suit pour ainsi dire la poussée mycélienne. Il en est de même avec des fragments de pomme de terre ; là les spores apparaissent presque en même temps que la trame mycélienne et leur formation progresse à mesure qu'elle s'étend.

Dans les milieux liquides, les spores ne se produisent jamais qu'à la surface aérienne du mycélium à une certaine distance du liquide et plus ou

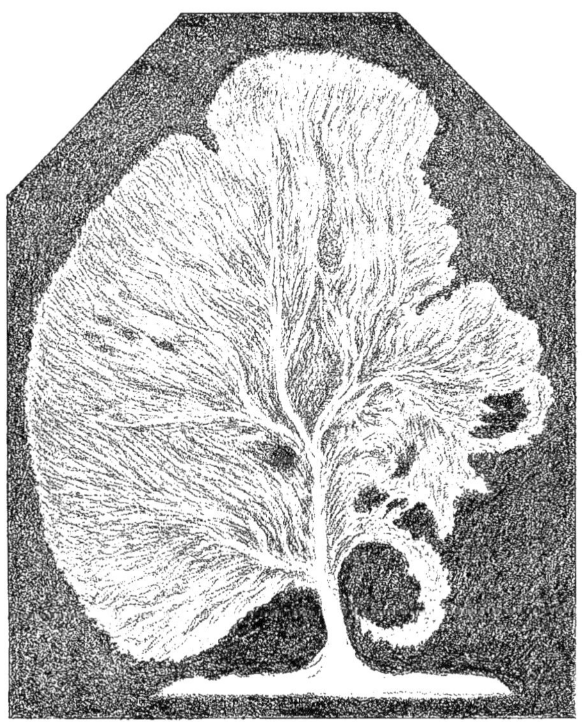

Fig. 45. — Arborescence fructifère du *B. Corium*. — Gr. 1/1.

moins rapidement suivant la nature du milieu. Avec les milieux qui produisent le plus difficilement les spores, comme le bouillon de céréales aussi bien qu'avec ceux qui les produisent facilement comme le jus de touraillon le bouillon de haricot, le moût de raisin, la sporulation est toujours rapide et abondante sur les parois du vase là où le mycélium a rampé sur les côtés du récipient en formant des arborisations élégantes que nous figurons dans les Figures 44 et 45. Cet aspect individuel de fructification, si particulier encore pour le *Bornetina Corium*, rappelle certaines productions rhizomorphiques de Champignons ; on dirait d'un ensemble radiculaire, avec axe principal et des axes secondaires portant les arborescences fructifères. Dans ces plaquettes développées à une grande distance de la surface du liquide, l'humidité est moins grande que partout ailleurs à la surface du liquide, et la sporulation est rapide. Ces arborescences représentent, isolées, l'ensemble d'arborescences fructifères formant sur le cuir les groupes dont nous parlons plus loin (Fig. 47 et 48).

Dans nos cultures sur sable ou sur terre humectés par un bouillon nutritif, la sporulation était aussi plus abondante que dans les mêmes

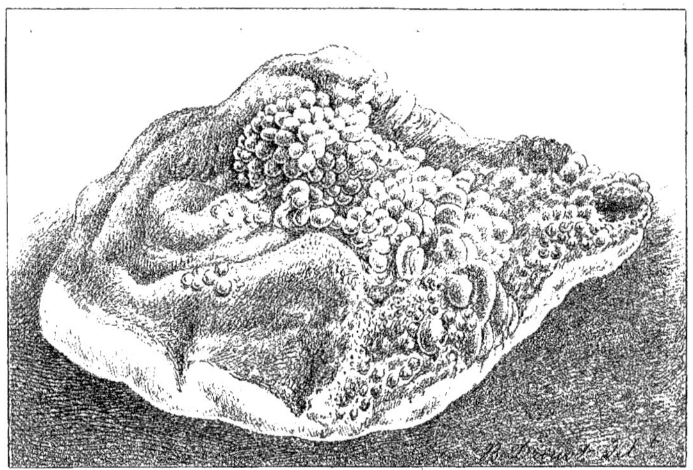

Fig. 46. — Masse mycélienne de *B. Corium*, obtenue en culture artificielle ; la masse est formée par le cuir feutré ; la surface est recouverte de spores ; les bulles de la surface sont des bulles d'eau déposées par précipitation et dont le champignon a épousé la forme en se développant d'abord à leur surface, puis à leur intérieur. — Réduction 1/2.

milieux nutritifs à l'état liquide. Cette dessiccation relative du milieu amenant la sporulation correspond à la dessiccation du cuir à l'état naturel quand il acquiert la dureté du ciment, au moment où se forment les spores.

Par contre, l'humidité amène parfois, dans les bouillons de culture, un phénomène accidentel qu'il est intéressant de noter. Lorsque le cuir épais est très sporulé à la surface (haricots, topinambours) l'épaisseur de la masse sporifère reposant sur le cuir étant de 2 à 5 millimètres), si, par suite de brusques variations de température de quelques degrés, il se produit des dépôts de gouttelettes d'eau à la surface, les spores superficielles germent dans ces gouttelettes (Fig. 46); il se forme des perles d'un blanc d'ivoire par développement d'une fine trame mycélienne dans ces gouttelettes. Puis le mycélium s'étend et produit une lame continue au-dessus de tout l'ensemble des spores inférieures qui continuent à se former et qui ne germent pas. Cette lame s'épaissit, et un cuir superficiel, qui rejoint par ses bords le cuir inférieur, recouvre alors les spores qui paraissent ainsi, quand on fait une coupe transversale, comme une masse poussiéreuse enfermée dans un grand conceptacle, dont l'enveloppe est constituée par le cuir.

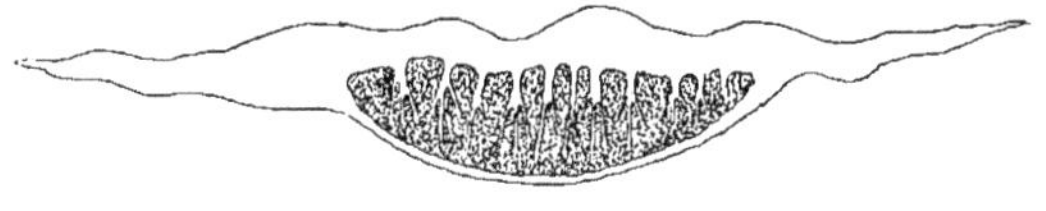

Fig. 47. — Coupe d'une masse mycélienne de *Bornetina Corium*, montrant la distribution par arborescence de la masse sporifère à la surface du cuir. — Grandeur naturelle.

Si, dans la plupart des cultures où la végétation est luxuriante, la lame de cuir formée développe les spores sur toute l'étendue de sa surface exposée à l'air, on observe aussi assez fréquemment, dans les lames qui paraissent à peine fructifiées, des masses lenticulaires isolées au milieu du cuir ayant 2 à 3 centimètres de longueur et 1 centimètre d'épaisseur; ces masses brunes constituent des cavités remplies de spores (Fig. 47).

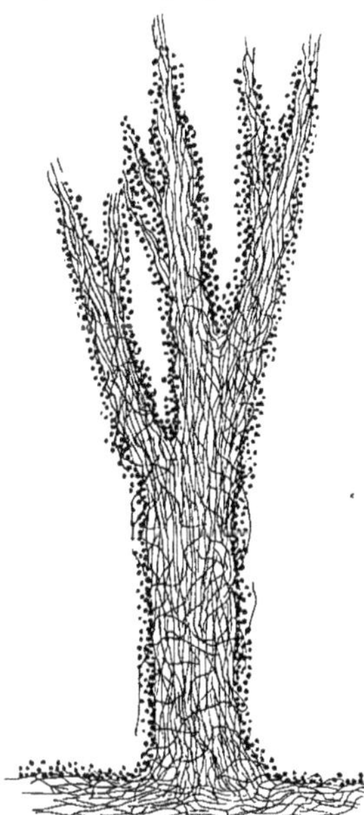

Fig. 48. — Un fragment d'arborescence fructifère, avec l'axe rhizomorphique formé par le cuir, et les ramifications sporifères disposées sur les côtés. — Gr. 30/1.

Si on y pratique des coupes longitudinales, on voit que la face inférieure de ces cavités, le plancher, sert d'appui à un certain nombre de colonnettes dont le sommet se partage en diverses branches. Ces colonnettes forment des stries blanches au milieu de la masse de spores qui remplit la cavité (Fig. 48).

A un faible grossissement on voit que ces colonnettes sont constituées par un feutrage de filaments de cuir; elles constituent des supports à la surface desquels le mycélium délicat, qui constitue l'appareil végétatif, émet un grand nombre de branches fructifères analogues à celles qui sont figurées à la Planche IV, figure 4, et Figure 39. La Figure 48 montre une de ces colonnettes dont la surface est couverte de spores. Dans cette figure, les traits représentent les filaments réfringents du cuir qui sont fructifiés, et les points noirs représentent les spores; on n'a pas figuré le mycélium délicat qui a servi à produire les spores et qui les attache aux colonnettes formées par le cuir. Ces colonnettes sont semblables aux rhizomorphes ou aux Fibrillaria que développent un grand nombre de Basidiomycètes et d'Ascomycètes.

Influence de la lumière. — Nous avons suivi l'influence d'une lumière vive et continue, pendant la journée, sur le Bornetina, en soumettant des milieux de culture en serre très éclairée, milieux sur lesquels étaient faits des ensemencements de spores, ou qui portaient de belles masses blanches en plein développement, mais non encore sporulées. La germination n'a pas été empêchée, mais elle ne s'est manifestée qu'au septième et huitième jour, par conséquent elle est très tardive; en outre, le développement des masses mycéliennes est très lent. Les cultures en belle végétation, mises brusquement à la lumière, ont paru tout d'abord, par la teinte terne qui succédait à leur bel aspect blanc nacré, dépérir; leur évolution, arrêtée pendant quelques jours, a repris ensuite, mais beaucoup plus lentement que dans les mêmes flacons témoins maintenus à l'obscurité. La sporulation a été extrêmement lente à se produire, elle n'avait pas commencé trois semaines après la mise en culture ; et nous n'avons constaté les premières traces qu'un mois après; par contre le cuir, moins variqueux, moins renflé, était plus fin, plus dense, plus serré, et l'ensemble plus consistant. Les spores ne nous ont pas présenté, suivant les divers milieux, de caractère bien particulier, sauf peut-être une coloration moins foncée et un développement un peu moindre des ornements.

E. — INFLUENCE DES MILIEUX DE CULTURE SUR LA CONSTITUTION ET LE DÉVELOPPEMENT DU « BORNETINA CORIUM »

Pour compléter l'histoire du Bornetina, nous avons multiplié, pendant plus de deux années successives, les milieux de culture en les variant de diverses manières. Ces milieux étaient constitués soit par des liquides organiques obtenus par la décoction de tissus végétaux ou animaux variés, soit par des masses solides, gélose, gélatine, sable, terre, imprégnées de liquides nutritifs, soit enfin par des milieux minéraux à titres variés (1).

(1) **Milieux nutritifs expérimentés.** — 1. Lait gélosé; 2. Haricot gélosé; 3. Carotte gélosée; 4. Topinambour gélosé; 5. Fragments de pomme de terre; 6. Fragments de topinambour; 7. Fragments de carotte; 8. Racines de vignes bouillies; 9. Sarments de vignes bouillies; 10. Racines et jus de haricots; 11. Sarments et jus de haricots; 11 *bis*. Sable et jus de haricots; 12. Terre et jus de haricots; 13. Bouillon de terre; 14. Bouillon de terre et sucre; 15. Bouillon de terreau et sucre; 16. Sable et moût de raisin; 17. Terre

Dans tous ces milieux nous n'avons pas obtenu de développement ou nous n'avons observé qu'une poussée insignifiante, toutes les fois que le sucre faisait défaut. Ce fait démontre que sur les racines phthiriosées le Bornetina trouve, dans un sol sableux ou terreux pauvre, les matériaux nécessaires à son évolution, grâce aux liquides sucrés dégorgés par les Dactylopius. Là où ces insectes manquent, en supposant que les spores fussent amenées aux racines par les travaux du sol, le champignon ne peut se développer; nous avons déjà remarqué que la présence des Fourmis dans les racines phthiriosées témoigne de l'existence de matières sucrées dont elles sont friandes.

Aspect des cultures. — L'aspect des cultures varie beaucoup. Dans les milieux solides, gélose, gélatine, mélangées à des décoctions sucrées diverses, pommes de terre ou carottes, les spores germent en donnant un mycélium délicat qui s'étend à la surface et qui forme très rapidement une grande quantité de spores; toutefois, sur la gélose, le mycélium acquiert une certaine consistance par le développement d'une faible proportion de cuir.

Sur le sable ou sur la terre imbibés de décoction de haricots et sucre, le Bornetina forme de magnifiques lames de 15 à 20 centimètres de diamètre, ondulées et frisées, tout à fait semblables à certains *Corticium* ou aux

et moût de raisin; 18. Fragments de pomme de terre et jus de haricots; 19. Fragments de pomme de terre et jus de pomme de terre; 20. Fragments de topinambour et jus de topinambour; 21. Fragments de pain et eau; 22. Purée de pain; 23. Purée de riz; 24. Purée de pois; 25. Purée de pois chiche; 26. Purée de haricots; 27. Purée de carottes; 28. Purée de maïs; 29. Purée de dattes, etc. — Bouillons sucrés de : 30. Viande sans sucre; 31. Viande avec sucre; 32. Pois chiche; 33. Carottes; 34. Blé; 35. Avoine; 36. Riz; 37. Pomme de terre; 38. Touraillon sucré; 39. Touraillon non sucré; 40. Epinards; 41. Oseille; 42. Salade; 43. Dattes; 44. Moût de raisin stérilisé à chaud; 45. Moût de raisin stérilisé à froid; 46. Châtaignes; 47. Pois; 48. Chocolat; 49. Urine et sucre; 50. Pois; 51. Lentilles; 52. Choux-fleurs; 53. Betteraves; 54. Poireaux; 55. Navets; 56. Salsifis; 57. Lait naturel; 58. Lait étendu d'eau; 59. Jaune d'œuf délayé; 60. Jaune d'œuf délayé et sucré; 61. Bouillons de spores de Phthiriose; 62. Bouillons de cuir mycélien de Phthiriose; 64. Résidus de culture; 65. Confiture de groseille et confitures diverses; 66. Miel délayé dans l'eau à titre divers; 67. Maïs; 68. Cervelle et sucre; 69. Cervelle sans sucre; 70. Topinambour; 71. Jus d'orange; 72. Jus de cerise; 73. Quinquina et sucre; 74. Café et sucre; 75. Thé et sucre; 76. Glycérine et sucre; 77. Sucre et acide tartrique; 78. Glucose et acide tartrique; 79. Glucose et acide tartrique et ammoniaque; 80. Phosphate d'ammoniaque et sucre; 81. Phosphate d'ammoniaque, sucre et acide tartrique; 82. Tannin, sucre et acide tartrique; 83. Milieux minéraux variés et à titres divers, etc., etc.

Nous n'insistons pas sur les détails de ces divers milieux de culture; nous nous réservons de les développer dans un travail ultérieur sur l'étude chimique du *Bornetina Corium* et des transformations qu'il fait subir à ces divers milieux et aux éléments qui les composent.

lichens crustacés; c'est à la face supérieure que ces lames développent une quantité considérable de spores.

Dans les milieux liquides, le Bornetina prend un aspect tout différent, il est parfois réduit à un mycélium floconneux, immergé, comme avec la décoction de viande privée de sucre. Dans les solutions minérales de phosphates, ce mycélium floconneux, sans cuir, a même une teinte très spéciale, couleur brun sale, et est très sporulé à sa surface.

Le Bornetina constitue, dans les décoctions sucrées, un mycélium d'abord floconneux qui ne tarde pas à développer à la surface une lame de plus en plus épaisse qui se gaufre et se frise en couvrant toute la surface du liquide; cette lame est d'abord d'un beau blanc de neige, et quand on cherche à la retirer, elle est si consistante qu'il faut souvent briser les flacons pour la sortir; bientôt la teinte blanche de la culture se fane, la surface devient grise, puis brun plus ou moins foncé par suite de la formation des spores.

Nous avons obtenu de très belles cultures avec le bouillon de haricots, carottes, pois chiches, topinambours, additionné de 3 à 5 °/₀₀ sucre, 1 °/₀₀ acide tartrique, moût de raisin stérilisé à froid (1/3 moût, 2/3 eau), etc., etc.

Avec les décoctions de céréales, riz, blé, avoine, le Bornetina forme de très belles cultures d'un blanc de neige qui sporulent très peu et conservent longtemps leur aspect ivoirin et immaculé. Il se forme une masse abondante de cuir très consistant, demeurant longtemps sans fructifications. Toutefois, dans ces cultures, le mycélium se développe fréquemment sur les bords de la culture en rampant le long du vase et en formant les palmettes très élégantes que nous avons indiquées et qui fructifient très abondamment.

Dans les milieux très sucrés, le Bornetina forme une membrane mince à la surface du liquide (châtaignes, dattes, betteraves, touraillon, etc.), cette membrane, sans consistance par suite de l'absence du cuir, a une couleur fauve ou brune, car elle est rapidement couverte de la poussière brune formée par les spores.

Certains milieux minéraux additionnés de sels ammoniacaux (sucre 2 °/₀₀, acide tartrique 1 °/₀₀, phosphate d'ammoniaque 1 °/₀₀) donnent le même résultat.

Mais la plupart des milieux minéraux dépourvus d'azote constituent à la surface du liquide une masse épaisse tuyautée, translucide comme du verre, extrêmement dure par suite de l'abondance du cuir.

Enfin, dans les résidus de culture, nous avons obtenu une poussée extrêmement faible d'un mycélium floconneux immédiatement couvert, dans les parties émergées, par les spores.

Nous voyons déjà que le Bornetina présente, suivant les conditions dans lesquelles il est cultivé, un polymorphisme remarquable qui n'avait encore été observé, à un si haut degré, dans aucune espèce de Champignons cultivés.

Nous allons voir que ce polymorphisme, en relation si constante avec les milieux nutritifs, se manifeste de même jusque dans les moindres détails de la structure de cette nouvelle espèce.

Appareil végétatif, mycélium. — L'appareil végétatif est constitué, comme nous l'avons vu, par un mycélium délicat dont les filaments, à parois minces, présentent toujours, au niveau des cloisons, les boucles caractéristiques d'un certain nombre de Basidiomycètes. Dans les diverses cultures, ce mycélium conserve ces caractères, et c'est peut-être, parmi les diverses parties de la plante qui nous occupe, l'appareil le plus constant; mais ce n'est pas le plus caractéristique, car nous venons de rappeler que l'aspect de ce mycélium ressemble à celui de certains Basidiomycètes.

Nous avons cependant observé, dans quelques cas, des modifications du type normal. Les cultures réalisées dans une décoction d'épinards nous ont donné des masses floconneuses en suspension dans le liquide et donnant à celui-ci la consistance d'une gelée claire. Ces masses gélatineuses filantes ne renferment que quelques rares éléments du cuir; elles sont presque entièrement formées par un mycélium dont les filaments ont une paroi bien plus épaisse que celle du mycélium normal, et ces filaments sont plongés dans une gelée que l'alcool coagule et rend plus consistante. Sous l'action du rouge de ruthénium, ce mucilage se colore lentement et englobe les filaments mycéliens à parois un peu épaisses; il est formé par la gélification partielle de la membrane externe des filaments, gélification analogue à celle qui se produit dans certaines algues, chez les Bactériacées, et aussi chez les Rivulariées.

La modification la plus importante est celle que nous avons constatée dans les bouillons de viande dépourvus de sucre où d'ailleurs la végétation est lente, incomplète, et la sporulation à peine ébauchée (Fig. 49). Là, les filaments mycéliens ne sont plus régulièrement fins et cylindriques; ils se renflent et deviennent variqueux, en formant des ampoules ou des articles renflés dont le diamètre est double ou parfois même triple des dimensions des spores; ces renflements atteignent en effet 10, 20 et même 30 μ. En outre, les boucles, qui se trouvent au niveau des cloisons, se renflent fréquemment et deviennent sphériques en demeurant attachées au filament qui les a produites (Fig. 49, *b*).

Dans les cultures un peu vieilles, la membrane de ces ampoules devient beaucoup plus épaisse et se colore en brun clair, simulant ainsi des spores formées par la fragmentation de la masse mycélienne; dans ces renflements on aperçoit des amas plus ou moins réguliers adhérant à la membrane et participant de sa nature. Ces renflements (Fig. 49, *c*) sont semblables à ceux que nous avons signalés dans le mycélium du Mildiou, du Black Rot, du

Pourridié (1), et chez diverses Péronosporées (2); ils rappellent aussi les accidents observés par M. de Seynes dans les filaments mycéliens de certaines Polyporées (3).

Nous n'avons pas pu obtenir un état plus avancé de ces renflements et nous ne saurions dire s'ils se détachent pour devenir des pseudospores analogues à celles qui se développent chez les Mucorinées. Nous reviendrons plus loin sur les analogies de ces formations avec celles qu'on observe sur le lait.

Mycélium à filaments épaissis : Cuir. — Le mycélium normal développe très fréquemment dans les cultures, et constamment dans les racines phthiriosées, des filaments dont la membrane s'épaissit notablement et qui constitue ce que nous avons décrit sous le nom de *cuir*. L'étude complète de cette formation singulière et notamment sa constitution chimique fera, comme nous l'avons dit, l'objet d'un travail ultérieur. Nous nous bornerons à indiquer ici l'influence que les divers milieux exercent sur sa production.

Influence des milieux de culture sur la formation du cuir mycélien. — Sur les milieux solides le cuir mycélien se développe peu ou pas du tout; quand il apparaît, il forme une lame peu épaisse, notamment sur le sable ou la terre imbibées de solutions nutritives. Là, on obtient une espèce de croûte, à bords festonnés et tuyautés, colorée en brun par les spores et ressemblant exactement aux croûtes formées par certains Cortinaires. Toutefois, sur les milieux arrosés avec du jus de carottes, l'épaisseur de la croûte est de 2 ou 3 centimètres; cette croûte est hérissée de houppes qui sporulent bientôt.

Dans les milieux liquides, les résultats obtenus sont différents. Sur le jus de touraillon, touraillon sucré, de pruneaux, de châtaignes, le jus de viande sans sucre, etc., il ne se développe pas de cuir; le mycélium est peu consistant et présente parfois des transformations intéressantes qui, au premier examen, pourraient faire douter de la pureté des cultures si nous n'avions pas chaque fois vérifié l'identité, par les cultures croisées sur divers milieux, des formes aberrantes obtenues avec le *Bornetina* type.

Dans la décoction de salade, d'oseille, d'épinards, etc., la lame formée à la surface du milieu est mince et bientôt recouverte de spores ; le mycélium commence à devenir un peu plus consistant.

Dans les décoctions de céréales, orge, blé, avoine, riz, le Bornetina

(1) P. Viala. — Maladies de la Vigne, 1893, p. 105, 275, etc.

(2) L. Mangin. — Recherches sur les Péronosporées. *Bulletin Soc. d'Histoire naturelle* d'Autun (1895, t. VIII).

(3) De Seynes, *loc. cit.*, Planche IV, fig. 4.

forme à la surface des cultures des lames minces et plus ou moins gonflées développant rarement des spores. Mais la lame obtenue, presque transparente, ivoirine, est d'une consistance très grande; elle forme un vrai feutre qu'on a beaucoup de peine à déchirer par une traction.

Sur milieux minéraux, et surtout dans les liqueurs composées seulement de sucre et d'acide tartrique, le cuir se développe peu ou lentement, et finit par mal sporuler, mais il a un aspect vitreux, translucide comme le verre.

Enfin, les cultures établies avec jus de haricots, carottes, moût stérilisé à chaud et à froid, pois chiches, viande avec sucre, cervelle avec sucre, topinambour, etc., le développement du cuir est considérable et forme des masses énormes d'un beau blanc de neige ou translucides, très consistantes, remplissant les plus grands vases de culture de leur masse mamelonnée ou gaufrée, développant des spores dans les parties les plus éloignées du liquide.

Certains flacons, surtout avec le jus de carottes, le moût, la décoction de pois chiches, nous ont donné, au bout de trois mois de culture, des masses de cuir mycélien pesant jusqu'à 300, 500 grammes et plus.

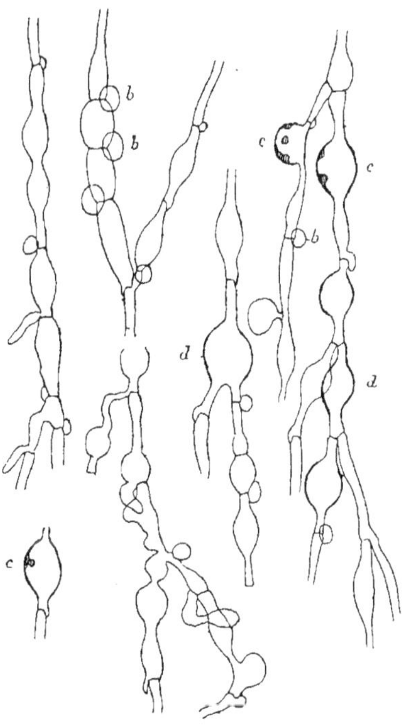

Fig. 49. — Mycélium développé dans la décoction de viande sans sucre; *d*, renflements à parois épaisses et brunes; *c*, épaississements de la membrane; *b*, boucles renflées. — Gr. 500/1.

La structure des filaments du cuir demeure semblable à celle que nous avons décrite et nous n'avons à signaler que quelques différences. Dans les cultures d'acide tartrique et de sucre, les filaments du cuir sont extraordinairement ramifiés et contournés et au lieu de demeurer très régulièrement cylindriques, ils offrent un aspect variqueux en s'épaississant plus ou moins régulièrement; très fréquemment, ils se terminent par des renflements en forme de massue, ou de sphère, de poire qui prennent plus facilement la coloration que les parties cylindriques (Fig. 41, *c*).

Gélification du mycélium immergé. — Quand les cultures sont anciennes, au bout de trois ou quatre mois et sur milieux liquides (moût, haricots, etc.), le cuir est en partie immergé dans le milieu nutritif. Les membranes des tubes mycéliens se gélifient comme nous l'avons vu plus haut. Quand la gélification est complète, la face inférieure du cuir est recouverte par une masse visqueuse au milieu de laquelle on distingue des traînées de granulations protoplasmiques qui occupaient l'axe des filaments mycéliens gélifiés. Ces traînées protoplasmiques ressemblent exactement à ce que l'on observe au moment de la gélification des tissus de certaines algues (*Chondrus crispus*, *Chorda filum*, etc.), qui ont été abandonnées dans l'eau douce ; la gelée, résultat du gonflement et de la dissolution partielle des membranes, renferme les contenus cellulaires mis en liberté et nageant dans la substance gélatinisée.

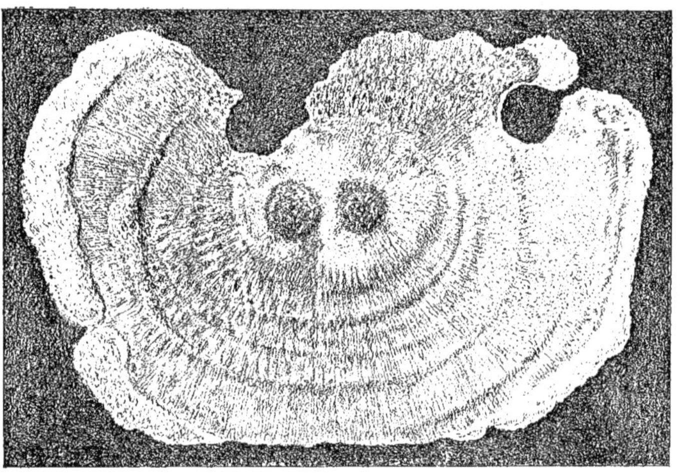

Fig. 50. — Plaque mycélienne de *B. Corium* sur milieu gélosé (haricots). — Réduction 1/2.

Influence du milieu nutritif sur la sporulation. — La nature des milieux de culture influe sur la sporulation. Il y a lieu de distinguer les milieux qui agissent par leur nature physique en plaçant le mycélium dans des conditions où l'humidité étant plus faible, la formation des spores est favorisée. A ce titre, les milieux solides : terre, sable, gélatine ou gélose, imprégnées des liquides nutritifs les plus variés, forment les spores très rapidement. Le mycélium se développe, avec ou sans cuir, à la surface du substratum en formant une lame discoïde à bords festonnés et gaufrés ;

à mesure que cette lame s'étend, les bords demeurent toujours d'un blanc nacré et les spores recouvrent les parties de plus en plus anciennes en formant des zones concentriques qui marquent les diverses périodes de croissance (Fig. 50). Quand la poussée est rapide, la surface est uniformément colorée; si elle a lieu par à-coups, la limite est marquée de lignes concentriques plus ou moins nettes. Nous avons obtenu ainsi de très belles cultures de plus de deux décimètres de diamètre dans de grandes fioles plates. Les fragments de carotte, de pomme de terre, etc., se recouvrent aussi très rapidement de spores.

Quand le milieu est liquide, et abstraction faite des poussées de mycélium qui se développent le long des parois et qui sporulent très vite, la formation des spores est plus ou moins rapide. Elle a lieu, abondante, sur un grand nombre de liquides : touraillon sucré ou non, jus de haricots, de pruneaux, de dattes, de viande, d'oseille, décoction de salade, moût stérilisé, etc. Elle est, au contraire, lente et a lieu seulement dans les parties gaufrées et saillantes du cuir mycélien, dans le jus de carottes sucré, etc. La formation des spores n'a lieu que très tardivement ou n'acquiert jamais que très peu d'importance sur les décoctions de céréales, blé, seigle, avoine, riz, etc.

Enfin, dans les résidus de culture et sur bouillon de spores du Champignon, non seulement la végétation du Bornetina est lente et malingre, mais la sporulation est immédiate et d'ailleurs peu abondante.

F. — MODIFICATIONS DE STRUCTURE DES SPORES SUIVANT LA NATURE DES MILIEUX

La dimension et la structure des spores ont acquis en mycologie une importance spéciale. On a, depuis longtemps, admis que les variations présentées par les organes de fructification ne s'observent que dans les espèces différentes; toutes les fois qu'on se trouve en présence d'espèces nouvelles, les caractères de la diagnose sont, en grande partie sinon uniquement, fondés sur les modifications de forme, d'ornementation, de grandeur que présentent ces organes. Souvent même, des genres entiers sont uniquement caractérisés par des différences dans la structure des spores. On n'a accordé que peu d'importance à la structure du mycélium, soit parce que cette structure était encore ignorée, soit parce que l'on imaginait qu'elle demeurait constante. On sait maintenant qu'il existe des variations considérables dans la structure, la constitution chimique des membranes du mycélium des Champignons.

Nous allons montrer, dans ce qui va suivre, par l'exemple du *Bornetina Corium*, que si la structure de l'appareil végétatif demeure remarquablement constante, les spores présentent des variations telles qu'on serait tenté, si l'on suivait la méthode adoptée trop souvent sans contrôle en mycologie, de démembrer le genre Bornetina en un grand nombre d'espèces.

Spores naturelles. — Les spores recueillies directement dans la gaîne des racines phthiriosées sont sphériques (Fig. 51), d'un diamètre de 9 μ. Elles sont couvertes d'ornements qui ont 1 μ 6 d'épaisseur; ce sont des protubérances, arrondies, irrégulièrement distribuées à la surface de l'exospore, tantôt assez larges, tantôt étroites, qui donnent à la spore son aspect chagriné particulier. Toutes les spores sont pourvues du prolongement basilaire que nous avons désigné sous le nom de *manche* ayant 3 μ, et, à l'extrémité opposée, on aperçoit souvent, dépassant tous les ornements, la petite protubérance appelée *calotte*. Nous avons parfois observé des spores dépourvues d'ornements, mais le fait est rare dans les conditions naturelles; il était à signaler malgré sa rareté, comme le résultat des cultures va nous le montrer.

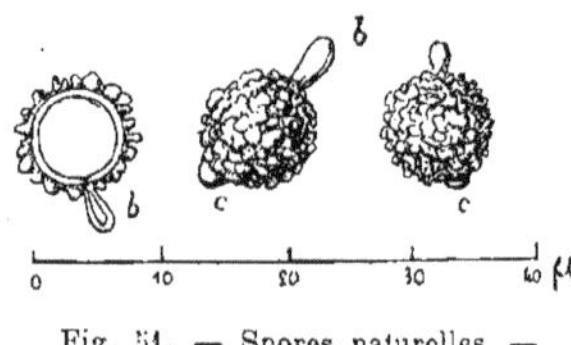

Fig. 51. — Spores naturelles. — *b*, manche; *c*, calotte.

Nous rappelons que, dans l'étude faite plus haut du développement des spores, l'endospore apparaît la première à l'intérieur du sporange, puis l'exospore se développe dans l'espace annulaire laissé entre l'endospore et la membrane du sporange (Fig. 40). C'est à la partie externe de l'exospore que se développent les ornements, qui s'allongent en direction radiale et viennent appuyer leur extrémité libre contre la membrane du sporange; celle-ci peut se liquéfier rapidement et disparaître, ou parfois persister par fragments en réunissant entre eux, par leur partie externe, un certain nombre d'ornements.

Spores très ornées. — Dans un certain nombre de milieux sucrés (carottes, haricots, salade, oseille, etc.), les ornements des spores sont extrêmement développés.

Dans la décoction sucrée de carottes (Fig. 52, 1), ils constituent des bâtonnets le plus souvent minces, ayant 2 à 3 μ de longueur et arrondis au sommet; on en compte 18 à 20 en coupe optique, et leur espacement régulier donne à la spore un aspect étoilé très net. Quand les spores ne sont pas encore tout à fait mûres, certains de ces bâtonnets sont réunis deux à deux par le sommet et les ornements paraissent, à cause de cette circonstance, beaucoup plus épais; le manche est assez développé et présente 3 à 4 μ de longueur; la calotte n'est pas toujours bien apparente, mais on reconnaît sa place, parce que, dans la région qu'elle occupe, les bâtonnets sont réunis plus souvent au nombre de 3 ou 4. Dans quelques cas enfin, les spores, un peu plus petites, sont couvertes de bâtonnets plus courts, régulièrement espacés.

Dans les décoctions sucrées de salade (Fig. 52, II), d'oseille (Fig. 53, I), de pain (Fig. 53, II), de chocolat (Fig. 52, III), de dattes (Fig. 52, IV), etc., nous observons les mêmes faits, à quelques modifications près, dans la grandeur et la disposition des ornements des spores entièrement mûres.

Toutefois, dans la décoction sucrée d'oseille (Fig. 53, I), les bâtonnets qui hérissent les spores ne sont pas rectilignes et bien disposés en série radiale; ils sont légèrement déviés de la ligne radiale, un peu contournés et recourbés ou aplatis au sommet. On a l'impression, en étudiant les spores à divers degrés de maturité, que la substance qui forme les ornements, imparfaitement solidifiée, quand les bâtonnets s'allongent sous la membrane du sporange, s'aplatit et se courbe lorsque, butant contre cette dernière, les bâtonnets ne peuvent plus s'allonger. La déformation des bâtonnets serait due à l'obstacle apporté par la membrane du sporange à leur allongement et, quand cette membrane se liquéfie et disparaît, les ornements, entièrement solidifiés, ne peuvent plus s'allonger.

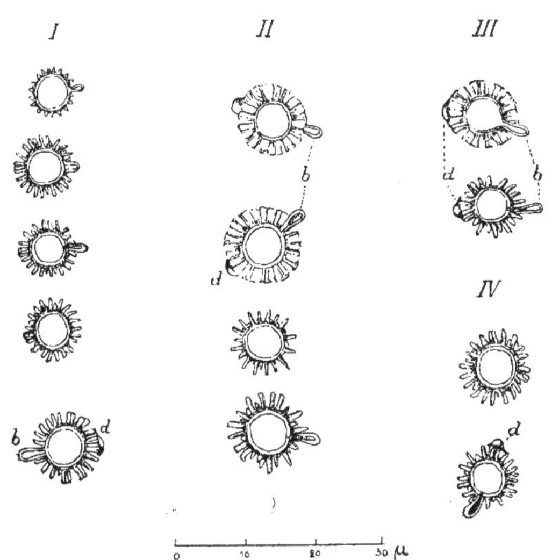

Fig. 52. — Spores. — I. Dans la décoction de carottes; II. Dans la décoction de salade; III. Décoction de chocolat; IV. Décoction de dattes; *b*, manche; *d*, calotte.

Les spores obtenues par la décoction sucrée de pain (Fig. 53, II) offrent les mêmes dispositions; dans les plus grosses, les ornements sont seulement épaissis au sommet ou légèrement courbés; dans d'autres spores, un peu plus petites, tous les bâtonnets sont terminés par une partie aplatie en tête de clou, parce que, là, l'accroissement de la membrane du sporange a été moindre que dans les spores à diamètre plus considérable.

Dans toutes les cultures fournissant ces spores très ornées, on rencontre fréquemment des spores incomplètement mûres ou qui mûrissent d'une manière un peu différente. Les bâtonnets ne sont pas distincts et la membrane du sporange persiste à l'état de fragments plus ou moins étendus. L'aspect des spores en coupe optique simule les franges d'un réseau de bandes tuyautées qui couvriraient toute la surface de la spore. On voit nettement cette disposition sur les spores obtenues avec le chocolat (Fig. 52, III), la salade (Fig. 52, II).

Dans un certain nombre de milieux (haricots (Fig. 53, V), pain, etc.),

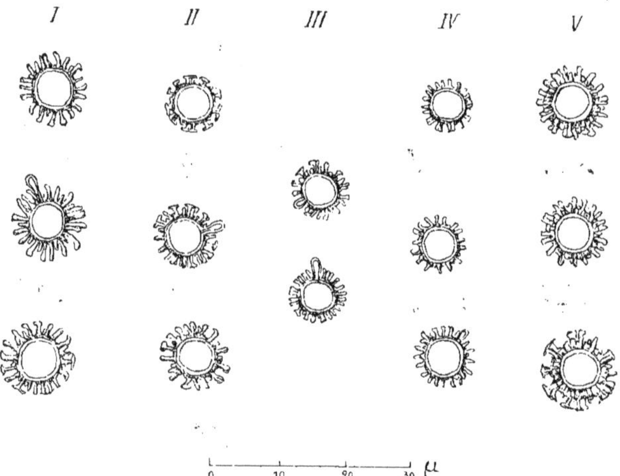

Fig. 53. — Spores. — I. Dans la décoction d'oseille ; II. Dans la décoction de pain ; III. Dans la décoction de viande ; IV. Dans la décoction de salsifis ; V. Dans la décoction de haricots.

les ornements peu réguliers manifestent nettement deux zones de croissance dans l'épispore ; on distingue d'abord une zone interne, où les ornements sont très serrés et à cause de cela souvent confluents et indistincts, puis une zone externe, où les bâtonnets sont espacés, libres ou confluents deux à deux, et, dans ce cas, réunis par des fragments du sporange.

Spores faiblement ornées. — Dans un certain nombre de milieux (touraillon : Fig. 54, I ; riz : Fig. 54, IV ; lentilles, pommes de terre : Fig. 54, III), les ornements sont plus courts et plus larges ; ils représentent non plus des bâtonnets, mais de petits mamelons coniques à extrémité arrondie, disposés tantôt régulièrement à la surface, tantôt sans régularité et d'épaisseur inégale. Ce sont ces formes qui se rapprochent le plus des formes naturelles extraites de la gaîne des racines phthiriosées.

Quand les ornements sont d'épaisseur inégale dans le sens radial, le contour de la spore est irrégulier. En même temps que l'épaisseur de la couche, formée par les ornements, varie, ceux-ci peuvent se confondre latéralement en plus ou moins grand nombre : cette coalescence, rare dans le touraillon et la pomme de terre, devient assez fréquente dans les cultures sur décoction sucrée de riz et de lentilles (Fig. 54, IV). Là, les ornements sont soudés sur le 1/4, le 1/3, la 1/2 du contour de la spore et forment alors une couche épaisse parcourue de fines striations radiales. Cette couche peut être inégalement développée et constitue une véritable membrane ondulée.

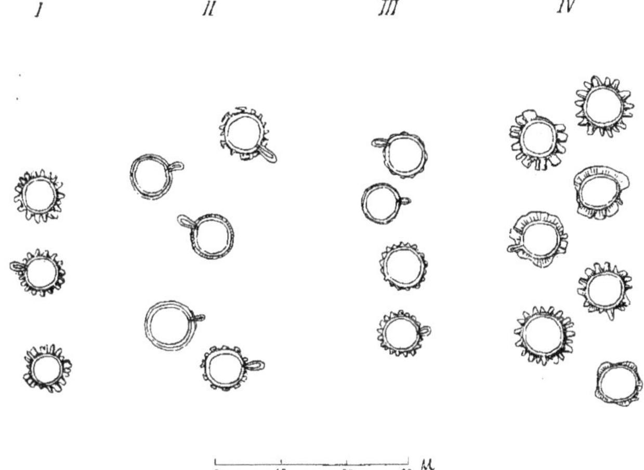

Fig. 54. — Spores. — I. Dans la décoction de touraillon ; II. Dans la décoction de blé ; III. Dans la décoction de pommes de terre ; IV. Dans la décoction de riz, à gauche ; de lentilles, à droite.

Spores dépourvues d'ornements. — Dans toutes les cultures on trouve, çà et là, des spores qui sont entièrement lisses, mais la proportion en est extrêmement faible. Au contraire, dans les cultures sur lait, sur décoction de céréales, sur bouillon de spores de champignon (Fig. 54, II), sur glucose acide (acide tartrique), les spores sont lisses; ce sont naturellement, parmi les spores que nous avons observées, celles qui ont les plus petites dimensions; leur diamètre étant au maximum de 6 à 7 μ, parfois de 5 μ, tandis que les autres ont 10 à 12 μ, et jusqu'à 15 μ.

Toutefois, on observe des passages nombreux entre les spores entièrement lisses et les spores faiblement ornées. Dans les cultures sur blé (Fig. 54, II) et avoine, seigle, etc., les spores sont presque toutes lisses, mais on trouve çà et là des spores offrant quelques ornements. Tantôt, l'épispore forme une membrane continue dans l'épaisseur de laquelle apparait une faible striation radiale, premier indice de l'hétérogénéité de la substance qui la forme; tantôt sa surface est couverte d'ornements très courts, distincts, aplatis à leur extrémité, plus rarement terminés en pointe.

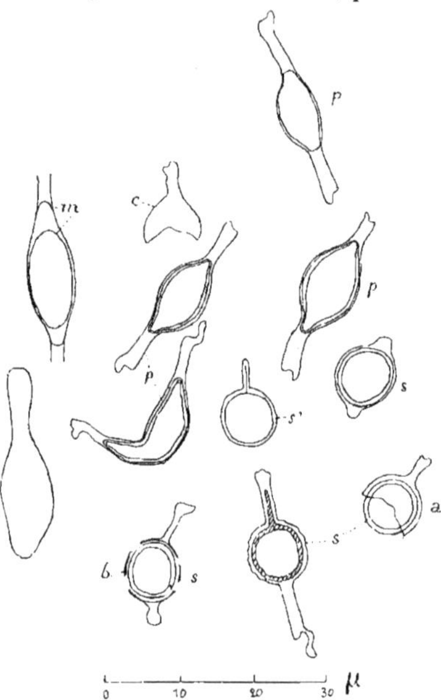

Fig. 55. — Spores et pseudospores obtenues dans les cultures sur du lait. — *p*, pseudospores; *m*, filament mycélien où la masse protoplasmique fabrique plusieurs cloisons; *s*, spores emprisonnées dans un sporange; *s'*, spore libre; *a*, sporange à moitié déchiré, enveloppant encore la spore; *c*, moitié d'un sporange dépouillé de la spore; *b*, sporange dont la membrane est déchirée par places et laisse des fragments autour de la spore.

Au contraire, dans les cultures sur pomme de terre (Fig. 54, III), les spores sont ornées de mamelons arrondis peu accentués. Fréquemment, ces mamelons deviennent peu saillants et constituent de faibles ondulations à la surface de la spore; puis, dans un certain nombre de spores, ces ondulations disparaissent et les spores sont lisses.

Nous devons, en terminant, insister particulièrement sur les résultats obtenus dans les cultures sur lait naturel étendu d'eau. Dans ce milieu, la végétation de Bornetina est maigre et les colonies qui se développent fructifient aussitôt en donnant des spores lisses (Fig. 55, *s*, *s'*).

Ces spores, contrairement à ce que nous observons dans toutes les autres cultures, conservent toujours, au moins par fragments, la membrane du sporange. Tantôt cette membrane est complète; le sporange, demeurant clos, enveloppe entièrement la spore *s'*. D'autres fois, elle est à moitié déchirée et renferme encore la spore dans la moitié restante *a*; on trouve même des spores lisses isolées à côté des débris de la membrane du sporange *c*. Ces spores véritables ont des dimensions relativement grandes comme spores lisses puisqu'elles atteignent 8 à 10 μ. A côté de ces spores, nous trouvons des masses ovoïdes à parois brunes ayant souvent de grandes dimensions 15 à 20 μ et même 25 μ de longueur, sur 10 à 12 μ de largeur (Fig. 55, *p*). Ces masses constituent de véritables pseudospores, dont l'origine peut être expliquée en se reportant à l'étude du mycélium singulier que le Bornetina développe dans la décoction de viande sans sucre.

Nous avons fait remarquer que ce mycélium, au lieu de rester cylindrique, se renfle en masses ovoïdes ou fusiformes, dont la membrane s'épaissit et se colore en brun clair ; mais le contenu de ces masses reste en communication avec la masse protoplasmique du reste des filaments. Dans le lait, nous avons un stade plus avancé : les masses protoplasmiques se fragmentent dans les masses ovoïdes et se sécrètent une membrane propre, à paroi épaisse, semblable à l'endospore. Parfois, il se développe une série de cloisonnements pendant la rétraction de la masse protoplasmique, et on obtient ainsi la fragmentation du mycélium en pseudospores analogues à celles que nous avons observées chez diverses autres espèces de Champignons. On peut alors trouver tous les passages entre les vraies spores et les pseudospores.

Les spores sont adaptées au milieu et changent avec lui. — Nous venons de résumer brièvement les résultats des nombreuses cultures obtenues dans les milieux les plus variés, — (plus de 80 types de cultures ont été ainsi faites et renouvelées bien souvent pendant deux années successives, et cela d'une façon croisée en zigzag des unes aux autres), — et nous constatons que l'organe du Bornetina le plus variable dans sa forme et ses dimensions est la spore.

Les transformations que cette spore a subies sont étroitement adaptées au milieu nutritif qui les produit et nous nous sommes assurés que les spores très ornées semées dans les décoctions de céréales, dans les solutions de sucre sans azote reproduisent immédiatement, à la première génération, les formes à spores lisses et inversement. Bien plus, il semble que le développement des ornements soit sous la dépendance des composés azotés renfermés dans la culture. Ainsi, dans une culture sur une dissolution de sucre additionnée d'acide tartrique, les spores qui se forment sont dépourvues d'ornements; mais si nous ajoutons une goutte d'ammoniaque, en plein développement de la culture, les spores, en voie d'évolution, prennent des ornements réticulés très nets qui font entièrement défaut dans les spores plus anciennes.

Influence du milieu nutritif sur la coloration des spores. — L'influence si nette des milieux nutritifs variés sur les ornements, la forme et les dimensions des spores, s'est manifestée non moins nettement sur leur coloration, ou plutôt sur l'intensité de leur coloration. Nous reviendrons d'ailleurs ultérieurement, dans l'étude chimique, sur cette matière colorante brune, soluble dans l'eau bouillante ou dans l'alcool.

Sans entrer dans trop de détails, voici quelques exemples de variations extrêmes de coloration suivant les divers milieux nutritifs, où toutes les gradations d'intensité de couleur dans l'ensemble des masses sporulées ou dans le détail des spores peut d'ailleurs être noté.

Les spores naturelles des gaînes de la Phthiriose sont, vues en masse, d'une teinte brun chocolat ; la spore est d'une coloration chocolat terreux. Sur milieux solides (carotte gélosée, lait gélosé), l'ensemble est d'une nuance chocolat très foncé, les spores sont très foncées aussi.

Sur milieux sporulants abondamment, et ne produisant pas de cuir ou en produisant peu (lait, châtaignes, choux-fleurs, touraillon sucrée, résidus de cultures), la teinte chocolat de la masse sporifère, ou de la spore individuelle, est encore plus foncée.

Sur jus de terre sucré, sur sable humide, sur haricots, etc., la teinte est chocolat noirâtre ; elle est encore plus intense, d'un brun noirâtre, sur salade. Sur bouillon de riz et sur milieux minéraux, sur sucre, sur glucose, la couleur est d'un noir carbonacé, comme la teinte des spores du charbon des céréales.

La teinte chocolat clair, avec tendance à la teinte vert jaunâtre, s'observe sur jus de poireaux, navets, jus de viande ; elle passe à la couleur gris jaunâtre sur navets, urine sucrée ; à la teinte plutôt jaune lavée de brun sur terre ou sable humecté de moût de raisin, sur jus de pois.

Enfin sur bouillon de viande naturel, sans sucre, les spores sont d'un jaune clair, presque incolores.

Les spores à teinte claire, grise ou jaunâtre, ensemencées sur milieux donnant des spores très foncées ou couleur chocolat normale, reproduisent le *B. Corium* à spores carbonacées ou chocolat, comme cela a lieu normalement dans ces milieux. L'expérience a été répétée maintes fois, dans des sens croisés, et a démontré que ces variations de coloration étaient aussi dépendantes du milieu nutritif.

Conclusions. — Il nous paraît superflu d'insister sur les conséquences importantes de ces résultats dans les procédés employés par les mycologues pour fixer la diagnose des espèces ou des genres. Que l'on soit obligé, quand il s'agit de caractériser des formes qu'il est impossible de cultiver, et notamment les formes parasites, d'établir une diagnose sur la forme et les dimensions des spores, nous le comprenons sans peine. Mais on doit, ou l'on devrait, se souvenir que les espèces ainsi établies sont artificielles, et qu'elles n'ont pas plus de valeur en systématique que les espèces qu'on voudrait établir chez les Phanérogames sur le coloris des fleurs, la forme ou la grandeur des feuilles.

La notion spécifique, assez bien établie chez la plupart des Phanérogames et des Cryptogames vasculaires, nous paraît encore indécise chez un très grand nombre de Champignons. En dehors de l'intérêt propre présenté par la biologie du *Bornetina Corium*, la démonstration expérimentale des variations qu'une espèce donnée peut éprouver dans les organes qu'on s'accordait à considérer comme immuables devrait être pour les mycologistes un avertissement à se montrer prudents dans l'établissement des espèces.

G. — SAPROPHYTISME ET PARASITISME

Nous avons dit que nous n'avions jamais observé la pénétration du mycélium du *B. Corium* dans les tissus de racines, et cela même lorsque celles-ci, abandonnées par les Cochenilles, sont déjà asphyxiées et envahies par d'autres champignons.

Nous avons disposé plusieurs cultures dans lesquelles des racines, des sarments, préalablement bouillis dans un milieu nutritif pour le Champignon (haricots, etc), restaient immergés sur la moitié de leur épaisseur dans ce même liquide. Les masses mycéliennes se sont développées en plaques à leur surface, ont sporulé, mais n'ont jamais pénétré les tissus.

Dans les cultures sur fragments de pomme de terre, de carotte, de topinambour, il n'y a aussi jamais pénétration dans la masse ; le Bornetina forme toujours des plaques superficielles.

Enfin de nombreux essais, dans des conditions très variées, d'inoculation de spores ou de mycélium sur rameaux (herbacés ou aoûtés), sur feuilles, sur fruits de la vigne, sur plantes herbacées diverses, n'ont jamais donné aucun résultat. Aucune infection, nous le rappelons, n'a été non plus obtenue dans les nombreuses inoculations faites dans le sol sur les racines.

Nous notons encore que, dans un sol maintenu humide et à une température convenable, le dépôt des spores ou du mycélium sur les racines n'a jamais amené aucune évolution du Champignon.

Le *B. Corium* n'est donc jamais parasite ; nos expériences le démontrent nettement. Elles prouvent aussi qu'à l'état naturel, dans le vignoble, le Bornetina ne peut évoluer qu'autant qu'il est associé au Dactylopius ; la présence des Cochenilles est indispensable pour que la vie symbiotique du Champignon et de l'Insecte puisse se manifester. Il en résulte donc que, dans le traitement, c'est le *Dactylopius Vitis* qu'il faut avoir en vue de détruire pour empêcher le développement de la Phthiriose.

V

TRAITEMENTS

Les faits que nous venons d'exposer sont suffisants pour nous permettre d'étudier la question des traitements des vignes phthiriosées. L'évolution des feutrages mycéliens du *B. Corium* et les piqûres souterraines du *D. Vitis*, en déterminant la mort des vignes, sont la cause directe de la gravité de la maladie actuelle et de celle qu'ont signalée la Bible et les auteurs anciens. On conçoit comment le *D. Vitis*, qui seul est un insecte parasite, important sans doute, mais d'une gravité relative, puisse, associé au *B. Corium* en vie souterraine, être si pernicieux.

On peut donc se demander si le *D. Vitis* qui existe, nous l'avons dit, dans divers vignobles français et surtout dans nos vignobles de la Tunisie et de l'Algérie, ne peut pas y devenir, avec des conditions favorables, un danger aussi grave qu'en Palestine. Nous ne le pensons pas, et notre opinion résulte de ce que nous avons déjà dit. En effet, la gravité de la Phthiriose de Palestine est due à ce que le *D. Vitis* vit dans le sol en association avec le *B. Corium*. Or, nous avons dit que l'insecte ne descendait pas dans le sol, même en Tunisie, ou du moins qu'il y descendait d'une façon accidentelle et exceptionnelle. En France, la vie souterraine du *D. Vitis* n'a jamais été constatée en réalité; les observations que nous avons rapportées pour le Médoc ou pour le Languedoc sont sans importance. Nous avons dit encore que nous n'avions jamais pu obtenir, par inoculation artificielle sur les rameaux, même en présence de la Cochenille, le développement du *B. Corium*, qui ne pousse pas non plus, dans les conditions ordinaires, sur les racines en l'absence de la Cochenille. Enfin, malgré de minutieuses observations, nous n'avons jamais découvert les spores ou le mycélium de *B. Corium* parmi les échantillons de racines sur lesquelles la Cochenille vivait superficiellement dans le sol des vignobles tunisiens. La conclusion est donc qu'à cause des conditions climatériques si différentes entre la Palestine et la Tunisie, et surtout les régions méridionales du vignoble français, nous n'avons aucunement à craindre la Phthiriose, le champignon serait-il accidentellement importé.

Et l'aurions-nous même à craindre, qu'il ne faudrait pas s'en préoccuper outre mesure, car les essais de traitement qu'a faits M. J. Niégo, sur nos indications, dans les vignobles de Mikweh-Israël, nous paraissent rassurants comme traitements possibles et réels de la maladie. Ces traitements n'ont pas encore été assez répétés ni poursuivis sur une surface assez étendue pour conclure d'une façon définitive, mais les résultats acquis sont déjà suffisants pour asseoir cette opinion. Ils démontrent même que la lutte contre le *D. Vitis* souterrain est plus facile et plus efficace que contre le même insecte à l'état exclusif de vie aérienne.

Le succès de la lutte contre la Phthiriose dépend, cependant, d'une façon essentielle, du moment des traitements. Le cuir mycélien, avons-nous dit, est imperméable aux liquides aussi bien qu'aux gaz, lorsque les Cochenilles vivent encore dans les gaines qu'il forme autour des racines. Par contre, les Cochenilles sont très sensibles à tous les gaz toxiques, surtout au sulfure de carbone. Or, les terres dans lesquelles se produit surtout la Phthiriose sont des terres légères, sèches, siliceuses ou sablo-calcaires, très favorables à la diffusion des vapeurs du sulfure de carbone. Si l'on sulfure les vignes phthiriosées au moment où les cuirs mycéliens, non formés ou non encore feutrés, ne s'opposent pas à l'action des vapeurs sur les insectes, on est certain de les tuer. Il faut donc appliquer le sulfure quand les Cochenilles se déplacent, lorsqu'elles viennent émigrer sur les racines, avant que les tissus mycéliens ne soient feutrés ; la destruction du mycélium du *B. Corium* est impossible à obtenir, seules les Cochenilles peuvent être atteintes. M. J. Niégo n'a pas observé d'action du sulfure sur les vignes très envahies, à cuir mycélien abondant. Reste à préciser le moment où les Cochenilles sont en migration vers les plantes nouvelles qu'elles vont envahir ; ce moment nous paraît être surtout le printemps ; il sera bientôt fixé par les essais comparatifs en cours. En tout cas, nous retiendrons, pour l'instant, le fait essentiel que, dans certains essais dirigés par M. J. Niégo, les résultats des traitements au sulfure de carbone ont été complets.

Nous reviendrons, dans l'Historique, sur le procédé des Hébreux ou des Arabes qui consistait à mettre un anneau de bitume de Judée mélangé d'huile, pour arrêter la migration des insectes des rameaux aux racines ou inversement. Mais nous rappellerons que des fossés creusés autour des vignes phthiriosées n'ont produit et ne pouvaient avoir aucun effet à cause de la mobilité des Cochenilles qui les franchissent facilement dans leurs migrations. M. J. Niégo avait aussi fait répandre des mélanges de soufre et de chaux autour des ceps déchaussés sans obtenir aucune action.

La lutte est bien plus difficile contre la Cochenille blanche vivant, sur les organes extérieurs, en Tunisie aussi bien qu'en France. M. Valery Mayet (1) dit que, d'après M. Gennadius, l'emploi du soufre contre l'Oïdium aurait enrayé le mal dans l'île de Chypre ; il en déduit que la

(1) *Les Insectes de la Vigne* (1890, p. 45).

rareté relative du *D. Vitis* dans le Midi méditerranéen serait due aux soufrages. Le soufre est appliqué avec soin en Tunisie, et les viticulteurs tunisiens n'ont jamais constaté aucun effet sur la Cochenille blanche. Sans doute, celle-ci est beaucoup plus sensible aux corps toxiques que beaucoup d'autres Cochenilles protégées davantage par leur carapace (Icerya, Aspidiotus, Pulvinaria); et cependant des remèdes plus énergiques que le soufre par leur action corrosive et de contact ne paraissent pas avoir été d'une efficacité complète. La question des traitements des Cochenilles blanches sur les organes extérieurs nous paraît encore à résoudre.

M. de Carnières nous écrit que dans son vignoble de Soliman, près Tunis, il a fait brosser avec de la chaux en poudre quelques pieds attaqués par le *D. Vitis* et que le résultat a été assez bon. M. Guignard, dans son domaine de Marquey, près Tunis, a essayé divers procédés de traitement préventif, après décortiquage, sur les insectes qui hibernent, sous les écorces de la souche ou des bras, à hauteurs variables. Avec l'huile lourde, à raison de 40 kilogrammes d'huile lourde pour 235 litres d'eau, et en employant la dose, coûteuse, de 1 litre pour 4 souches, presque tous les insectes hibernants ont été tués, mais les œufs dans leurs flocons cireux sont restés intacts; même résultat a été constaté avec l'émulsion à 5 % de pétrole et de savon noir. Le clochage avec l'*hydrocyanic acid* (acide cyanhydrique), si efficace contre les Aspidiotus aux États-Unis, mais délicat et dangereux à manipuler, employé pendant le repos de la végétation, et surtout aux premières périodes de l'évolution des Cochenilles, — s'il ne nuisait pas à la végétation des vignes, ce qui reste à savoir, — pourrait peut-être avoir de l'action sur le *D. Vitis* puisqu'il agit sur des Cochenilles plus difficiles à détruire.

Quoique nous n'ayons pu poursuivre d'études particulières sur la question, il est permis de penser que des parasites doivent attaquer les Cochenilles blanches aussi bien lorsqu'elles ont une vie exclusivement aérienne (Tunisie) que lorsqu'elles vivent dans le sol (Palestine). Les renseignements, vagues encore cependant, que nous avons recueillis sur les variations d'intensité de la Phthiriose en Palestine, par périodes qui paraissent même très distancées, en seraient une preuve. En tout cas, il paraît bien établi, d'après les souvenirs recueillis auprès des vieux vignerons palestiniens, que la maladie est d'action irrégulière dans ses manifestations dans le temps, et non continue comme le Pourridié par exemple ou le Phylloxéra ; cette irrégularité ne peut s'expliquer que par la multiplication abondante, à des périodes variables, des parasites du *D. Vitis*. Nedzelsky a d'ailleurs signalé des punaises de terre (*Nysius*?) comme parasites des Cochenilles souterraines en Crimée.

BIBLIOTHÈQUE NATIONALE RF IMPRIMÉS

EXPLICATION DE LA PLANCHE V

Carte de la Palestine

Les vignobles d'où nous avons reçu des ceps phthiriosés (Mikweh-Israël, Richon-le-Zion, Sichron-Jacob...) sont marqués sur la carte par des caractères différents de ceux des noms des autres villes.

BIBLIOTHÈQUE NATIONALE IMPRIMÉS

Tortose
I. Ruad
Amrit
Kalat el Hosn
Homs
Nahr el Kebir
L. de Kadès
Tripoli
ANAZEH
Nahr el Asi
Batroun
C. des Cèdres
Djebail
Yamouneh
Nahr Ibrahim
B. de St Georges
Jebroud
Beïrout
Balbek
El Bekaa
LIBAN
ANTI-LIBAN
Zahleh
ROALA
Nahr el Leitani
Sidon
Damas
Racheya
Baharet el Ateibeh
Sarfend
Barada
Harran
Hasbeya
Parphar
Tyr
Kana
Banias
Iskanderoun
(Dan)
El Safa
DJAOULAN
Zib
Merom
El Mousmiyeh
Safed
LEDJA
Ptolemaïs
Capharnaoum
Chakka
B. d'Akka
El Krâ
Khaifa
Tibériade
L. de Tibériade
-250
Mar Elias
Nazareth
Renawat
Hauran
Athlit
Dj. Mar Elias
Tantourah
Soueideh
Sichron Jacob
Zerin
Djilboa
El Harrâ
Césarée
Bosra
Djenin
Beisan
Jourdain
DJ ADJLOUN
Samarie
Djerach
Nablouse
Salem
Zerka
Jaffa
Akraba
Kalat-Zerka
Mikweh Israel
Loudd
Es Salt
Rischon-le-Zion
Bethel
Ammân
Ramleh
Riha
Ekron
Jérusalem
Hesban
Asdod
Mt Nebo
Machita
HAMAD
Betlehem
Mar Saba
Askalon
MER MORTE
Hébron
Zara
Dhiban
Gaza
-400m
O. el Modjib
O. Ghazzeh
Beerseba
Kerak
Kournoub
Drouot, delt
Echelle
50
100 K

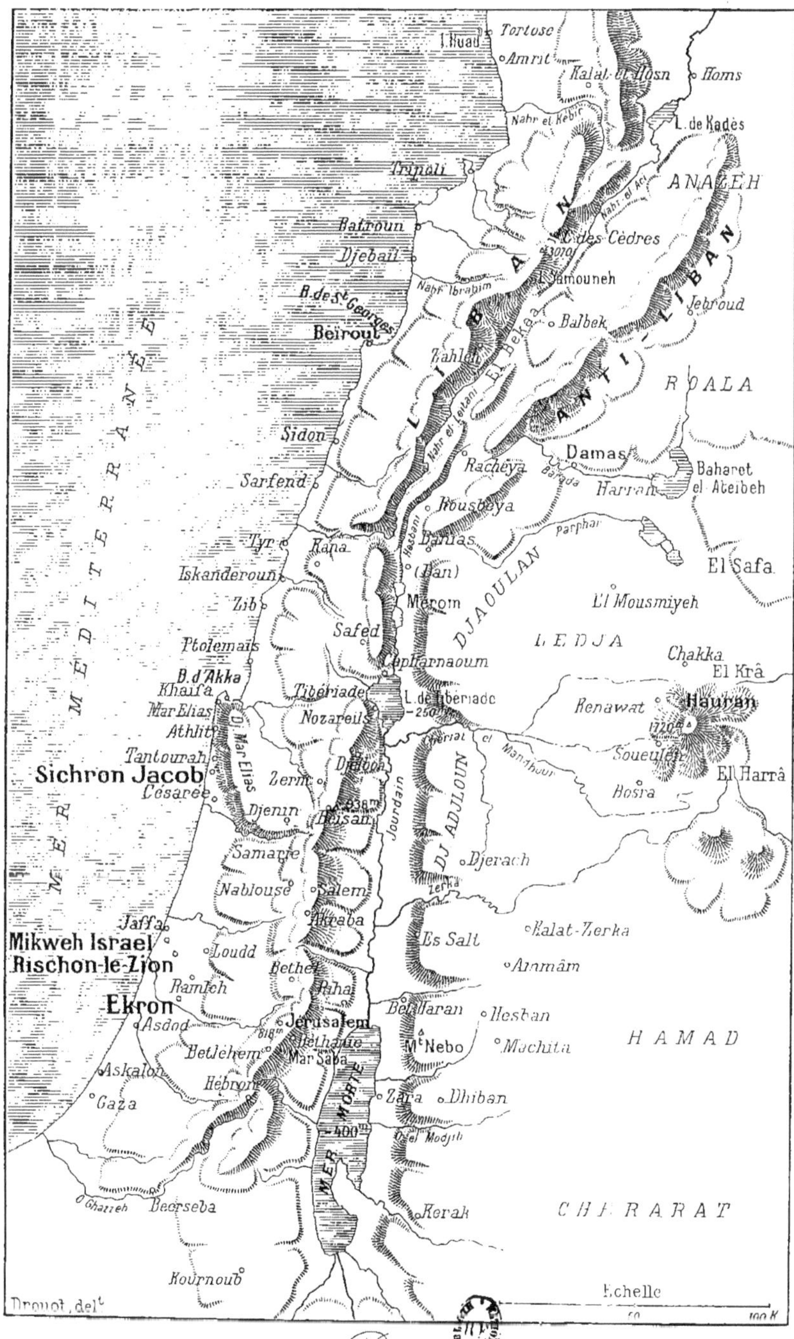

Palestine

VI

HISTORIQUE

Il est toujours délicat de rapporter aux parasites, scientifiquement définis aujourd'hui, les maladies qui ont pu être vaguement signalées, par des écrits sans précision, aux temps les plus anciens. L'étude que nous venons de faire du *D. Vitis* et du *B. Corium* nous permet cependant, sinon d'affirmer d'une façon absolue, du moins d'avoir la conviction que la Phthiriose est bien la maladie à laquelle font allusion les textes sacrés quand ils parlent du « ver » ou *tôla'at* (הַתֹּלָעַת׃) qui sévissait sur la vigne au temps des Hébreux.

L'étude des textes hébreux nous a été possible, pour la Bible, grâce à Mgr Graffin, et pour le Talmud Babli, grâce à M. E. Weill, rabbin de Paris; nous les remercions pour l'aide qu'ils nous ont prêtée.

Dans le DEUTÉRONOME, ch. XXVIII, vers. 39, se trouve une des plus anciennes indications sur le « ver » parasite de la vigne :

כְּרָמִים תִּטַּע וְעָבָדְתָּ וְיַיִן לֹא־תִשְׁתֶּה וְלֹא תֶאֱגֹר כִּי תֹאכְלֶנּוּ הַתֹּלָעַת׃

« *Tu planteras la vigne et tu la travailleras, mais tu ne la récolteras pas et tu ne boiras pas le vin parce que* LE VER (הַתֹּלַעַת׃, HA TÔLA'AT) *la mangera.* »

En compulsant les textes sacrés pour bien définir la signification du mot hébreu *tola'at* ou *tôla'at* (*in* 1° : v. g. Exode, ch. XXVIII, v. 5 et 6; 2° Psaume XXII, v. 7; 3° Isaïe, ch. XLI, v. 4; 4° Job, ch. XXV, v. 6; 5° Isaïe, ch. XIV, v. 11), Mgr Graffin trouve deux vocalisations massorétiques pour le mot « ver », savoir TÔLA'AT et TÔLE'AH, traduites par le même terme dans les versions syriaques et grecques faites directement sur le texte hébreu. Le mot TÔLE'AH semble une expression plus générique, plus souvent figurée, et toujours associée au mot *rimah* (*tôle'ah rimah*, ver de la pourriture); le mot *tôla'at*, employé seul, désigne un ver, mais un ver qui se déplace, qui remue, qui voyage, ainsi qu'on le retrouve surtout dans Jonas, ch. IV, v. 7; l'insecte qui vient détruire le ricin (qiqayon), sous lequel Jonas s'abrite et qu'envoie Dieu pour le punir de ses plaintes, est appelé *tôla'at*.

Dans le Talmud (Talmud de Babylone ou Talmud Babli, section Holine ou Houlin, fol. 67, *a* et *b*, écrit vers le VIe siècle après J.-C.), le même terme de TÔLA'AT est employé, nous dit M. E. Weill, pour désigner l'insecte qui

BIBLIOTHÈQUE NATIONALE RF IMPRIMÉS

s'attaque aux *racines* de la vigne et de l'olivier. M. E. Weill ajoute : « Il reste cependant un doute, le mot Ikrè pouvant, d'après certains, signifier tout aussi bien le tronc que les racines. J'opposerai toutefois à cette opinion que pour désigner le tronc on se serait plutôt servi du singulier Ikar très usité. »

Voici d'ailleurs le texte hébreu du Talmud et la traduction qu'en a faite M. E. Weill :

אמר שמואל קישות שהתליעה באביה אסורה משום השרץ השורץ על הארץ לימא מסייע ליה דתני חדא על הארץ להוציא את הזיזין שבעדשים ואת היתושים שבכליסים ותולעת שבתמרים ושבגרוגרות ותניא אידך כל השרץ השורץ על הארץ לרבות תולעת שבעקרי זיתים ושבעקרי גפנים מאי לאו אידי ואידי בפירא והא שבאביה והא שלא באביה לא אידי ואידי באביה ולא קשיא הא בפירא והא באילנא גופא דיקא נמי דקתני תולעת שבעקרי זיתים ושבעקרי גפנים שמע מינה

Traduction (1) : — « *Samuel dit : quand un cucurbitacé encore relié à sa tige est attaqué par un ver, ce ver est défendu en vertu de (la prescription du Lévitique,* XI, 41). « *Tout être rampant qui se traîne sur le sol (est abominable, on n'en doit pas manger* (2) »). *Y aurait-il un appui (à l'opinion de Samuel, dans ce qui suit) : d'une part il a été enseigné « sur le sol* (3) », *cette expression exclut (de la défense du Lévitique) les zizin (= insectes) des lentilles et les mouches des pois (ou haricots) et le ver qui est dans les dattes et les figues sèches (ou destinées à être séchées); et d'autre part il a été enseigné : « tout être rampant qui se traîne sur le sol* (4) », *(l'expression* tout) *ajoute (ou inclut dans la défense) le ver qui est dans les racines (peut-être le tronc) des oliviers et des ceps de vigne. Or, ne doit-on pas supposer que l'un et l'autre (de ces deux enseignements) ont trait au fruit, soit pour l'un des deux cas, (le second) au fruit encore attaché à la tige (ce qui serait conforme à l'opinion de Samuel), soit pour l'autre cas (le premier) au fruit séparé de la tige? Non (réplique le rédacteur anonyme du Talmud), dans les deux cas il s'agit de la plante sur pied seulement : dans l'un le (premier), il est question du fruit et dans l'autre il est question de l'arbre, et la preuve c'est qu'il y est dit : le ver qui est dans les racines (ou le tronc) des oliviers et des ceps de vigne.* »

M. Emmanuel Weill nous dit à la suite de cette traduction : « Peut-on déduire de ce passage du Talmud que le rédacteur connaissait un ver ou

(1) Tout ce qui est entre parenthèses est ajouté par le traducteur pour aider à l'intelligence du texte ou pour compléter des citations écourtées par le Talmud. — E. W.

(2) Le fruit attaché à sa tige, c'est-à-dire non cueilli, est assimilé au sol même et à l'insecte qui s'y trouve considéré comme un insecte terrestre défendu par le Lévitique; au contraire, le fruit séparé de sa tige n'étant plus assimilé au sol, le ver qui s'y trouve n'est pas insecte terrestre et n'est pas prohibé; il le deviendrait en sortant du fruit. (Commentaire de Raschi.) — E. W.

(3) Texte du Lévitique précité.

(4) Même texte.

insecte (*tôla'at*, s'attaquant à la grappe? Oui, selon la première hypothèse du passage talmudique que nous rapportons; non, suivant la deuxième hypothèse à laquelle finalement le Talmud s'arrête et où il fait surtout état du deuxième enseignement dans lequel il n'est question expressément que du ver s'attaquant aux racines (ou tronc) des oliviers et des ceps de vigne. »

Ce texte du Talmud est sans doute assez confus, mais l'indication du *tôla'at* y est très nette. M. J. Niégo, qui avait étudié et commenté ce texte avec des rabbins de Jérusalem, nous écrit :

« L'important est qu'on signale dans ce passage du Talmud des insectes qui se trouvent dans les *racines* des vignes et des oliviers; dans d'autres passages, on dit même « dans les racines des vignes et des figuiers ». Quels peuvent être ces insectes? Je suis depuis dix-huit ans en Palestine et je n'ai vu d'autres insectes dans les racines des vignes que les Cochenilles. Or, nous savons que, sur les organes extérieurs du moins, les Cochenilles attaquent aussi bien la Vigne que l'Olivier et le Figuier. Si jamais nous trouvions aussi les Cochenilles sur les racines des oliviers et des figuiers, il n'y aurait plus de doute sur le sens du mot *tôla'at* du Talmud. »

Un autre fait que nous signale M. J. Niégo est celui relatif aux prières de la fête des Tabernacles, fête sur laquelle nous reviendrons plus loin.

« A la fête de Pâques, nous dit M. J. Niégo, on fait une grande prière pour la rosée; à la fête des Tabernacles, on prie Dieu pour la pluie et pour qu'il préserve de la sécheresse, de la mortalité du bétail, des sauterelles, etc., etc., on ajoute aussi : préserve la vigne du *tôla'at*; la longue tradition qui a maintenu cette invocation dans la prière prouve que le *tôla'at* était connu et que l'on craignait ses dégâts. »

Le *tôla'at* de la vigne nous paraît bien être, — et les textes ultérieurs le confirmeront, — la Cochenille blanche, facilement visible à l'œil nu sur les rameaux aussi bien que sur les racines, et dont les ravages, explicables d'après ce que nous venons de dire de la Phthiriose, avaient dû frapper les premiers vignerons de la Palestine. M. J. Niégo, dans les enquêtes qu'il a faites, a recueilli, auprès de vieux vignerons palestiniens, la tradition des ravages de l'insecte sur les racines de la vigne.

Walckenaër (1) avait, le premier en 1835, rapporté le *tôla'at* des textes hébreux à la Cochenille blanche (*Coccus Vitis* L. pour *Dactylopius Vitis* N.). Le premier aussi, dans le même mémoire, il attribuait à ce même parasite

(1) Walckenaer. Recherches sur les insectes nuisibles à la vigne connus des anciens et des modernes (Annales de la Société entomologique de France, 1835 et 1836).

la maladie (φθειρίασις) que Strabon indiquait comme due à des insectes à forme de poux (φθεῖρες).

Cette question de l'identification de la Phthiriose de Strabon fut reprise, comme nous le disions au début de ce travail, en 1870, aux premières périodes de la crise phylloxérique, à la suite d'un article de Koressios paru dans l'*Eclectique* d'Athènes (ἡ Εκλεκτική, 24 février 1870). Koressios affirmait (1) que « la maladie actuelle (Phylloxéra) de la vigne en France est celle que Strabon (liv. VII, Illyris, § 9, pour § 8) désigne sous la dénomination de Phtiriasis (φθειρίασις), maladie pédiculaire ou des racines, et non pas le φυλλόξερα ou φυλλότρως, maladie qui dessèche ou ronge les feuilles..... » M. Koressios recommande de..... « enduire le tronc, aussi près que possible des racines, et les gros ceps, avec un enduit composé de soufre en poudre, d'huile ou de marc d'olives, et d'une petite quantité de naphte..... »

J.-E. Planchon (2), sur des textes indirects (3) de Strabon, réduisait bientôt à néant cette affirmation de Koressios. Le travail, récemment paru alors, de A. Nedzelsky (4) sur le *D. Vitis* et sa vie accidentellement souterraine, amenait Planchon à conclure, comme Walckenaer, que les φθεῖρες de Strabon étaient bien la Cochenille blanche.

Voici le texte de Strabon (qui remonte vers la fin du Ier siècle avant J.-C.) que M. l'abbé Ragon, agrégé de l'Université, a recherché, transcrit et traduit pour nous. Nous donnons du LIVRE VII, CHAP. V, § 8 (page 316 de Casaubon), toute la partie intéressante ; nous mettons en italiques, dans la traduction française, la partie dont nous reproduisons le texte grec :

Sur le territoire d'Apollonie (en Illyrie, au sud de Dyrrachium) il y a un lieu consacré aux Nymphes. C'est un rocher d'où s'échappe du feu et du pied duquel coulent des fontaines d'eau tiède et de bitume : il est à croire que ce sol bitumineux est en feu. Près de là, sur une colline, il y a une mine de bitume. Si on y creuse une tranchée, elle se remplit de nouveau avec le temps, parce que la terre qu'on jette dans l'excavation pour la combler finit par se changer en bitume, ainsi que l'affirme Posidonius. *Ce même auteur dit aussi que la terre propre à la vigne qu'on extrait à Séleucie Piérie* (ville toute voisine d'Antioche, au bord de la mer) *est bitumineuse et que c'est un remède contre la maladie de la vigne : en effet, mélangée à de l'huile, elle fait périr l'insecte nuisible, avant qu'il monte et gagne les pousses qui s'élèvent du pied. On découvrit, ajoute-t-il, à Rhodes, du temps qu'il y était préfet, de la terre de cette sorte, mais qui demandait une plus grande quantité d'huile.*

(1) Bulletin Soc. agriculteurs de France, 1870, II, p. 195. Analyse de l'article de Koressios par Ph. Roques.

(2) J.-E. PLANCHON. La Phthiriose ou Pédiculaire de la vigne et les Cochenilles de la vigne chez les modernes (*Bull. Soc. ag. France*, 1870, p. 267 à 275).

(3) Texte latin de la traduction de Strabon de l'édition de C. Muller et F. Dübner (Strabon. Geogr., *lib.* VII, Illyr., p. 263. Paris, Firmin-Didot, 1853).

(4) A. NEDZELSKY. *Gazette agricole russe*, loc. cit., 1869.

Λέγει δ' ἐκεῖνος καὶ τὴν ἀμπελῖτιν γῆν ἀσφαλτώδη τὴν ἐν Σελευκείᾳ τῇ Πιερίᾳ μεταλλευομένην, ἄκος τῆς φθειριώσης ἀμπέλου · χρισθεῖσαν γὰρ μετ' ἐλαίου φθείρειν τὸ θηρίον πρὶν ἐπὶ τοὺς βλαστοὺς τῆς ῥίζης ἀναβῆναι · τοιαύτην δ' εὑρεθῆναι καὶ ἐν Ῥόδῳ πρυτανεύοντος αὐτοῦ, πλείονος δ' ἐλαίου δεῖσθαι.

J.-E. Planchon rappelle, dans son article, que Walckenaër croit reconnaître le φθείρ de Strabon dans un passage de la compilation des Géoponiques et dans un autre passage de Ctésias, mais les indications sont tellement vagues dans ces textes qu'il ne nous paraît pas utile de les citer.

Dans la discussion sur l'origine du phylloxéra, M. Prosper de Laffitte (1) a réuni divers documents historiques sur le ver (φθείρ) de Strabon dont nous retiendrons les principaux. Un des plus intéressants est une note du comte de Bertou (2) ainsi conçue :

« Au moment où j'allais entreprendre l'exploration de la mer Morte, je fus informé, par un évêque indigène qui passait pour érudit, que, parmi les produits minéralogiques de cette contrée, je trouverais en abondance l'asphalte, qui a donné son nom à cette mer intérieure, et d'où, au moyen âge, on avait extrait l'huile précieuse qui avait alors sauvé les vignobles du sud de la Judée, en les débarrassant d'un ver qui attaquait les racines des ceps et les faisait tous mourir. »

M, le comte de Bertou donnait à M. P. de Laffitte un extrait de ses notes de voyage sur la question (3) :

« L'évêque de Tyr me racontait hier soir, au milieu de beaucoup d'autres renseignements sur le pays que je vais visiter, et particulièrement sur les environs de la mer Morte, qu'au moyen âge les riches vignobles d'Enggadi et de tout le plateau de Judée *furent attaqués par un ver qui s'en prenait aux racines des ceps, et qu'on eut raison de cet insecte pernicieux en employant contre lui l'huile extraite de l'asphalte de la mer Morte*. L'évêque de Tyr avait souvent invoqué le témoignage d'un historien oriental qui, disait-il, avait écrit l'histoire depuis Adam jusqu'au XIIe siècle, mais je ne sais pas si le fait relatif aux vignes d'Enggadi venait de cette source ou d'une tradition orale. »

Nous ajouterons la traduction d'un manuscrit de la Bibliothèque natio-

(1) PROSPER DE LAFFITTE. Quatre ans de luttes pour nos vignes et nos vins de France (1883, pp. 35 à 41).

(2) Comptes rendus de l'Académie des Sciences, 13 janvier 1879.

(3) Quatre ans de luttes, p. 34.

nale (fonds latin n° 5129), signalée par le comte de Bertou (1), et qu'on fait remonter au XIIe siècle :

« Entre Segor et Jéricho, il existe une région appelée Enggaddi. Les vins d'Enggaddi viennent de là : le baume avait coutume d'y croître avec une merveilleuse facilité. Sur le lac Asphaltite on recueille beaucoup d'alun et beaucoup de Catraneum..... *Le Catraneum est une espèce de liqueur noire et nauséabonde très nécessaire pour oindre les chameaux et leur enlever la gale, ainsi que pour frotter les vignes et ôter à ces dernières les insectes qui les épuisent* (2). »

Un autre document, d'un grand intérêt, est celui qu'a rapporté M. Leclère, en 1882 (3) ; nous le reproduisons dans ses parties essentielles. Ce document, du Xe siècle de notre ère, est d'un médecin et naturaliste arabe connu sous le nom de Temimi, surnommé *el Mocadessi*, du nom arabe de Jérusalem où il résidait. Ce texte est extrait du *Morched* (n° 1088 de l'ancien fonds arabe de la Bibliothèque nationale), guide ou indicateur où l'auteur traite de l'histoire naturelle, des médicaments et des aliments.

« On donne particulièrement le nom de *bitume de Judée* à l'une des deux espèces de bitume retirées de la mer de Judée, qui est le *lac puant* (la mer Morte), situé dans la Palestine, non loin de Jérusalem. Il s'étend entre les deux *ghour* (vallée du Jourdain), celui de Ségor et celui de Jéricho. L'espèce dont nous parlons se retire de la terre qui avoisine ce lac. C'est la meilleure des deux espèces de bitume de Judée, et c'est celle que l'on fait entrer dans la composition de la grande thériaque dite *el-faroug* et qui en fait la base. Le bitume de Judée est aussi appelé dans les environs *homer*, pour cette raison que tous les habitants des cantons de la Syrie en enduisent leurs vignes. Voici l'explication de cette pratique : Ils prennent l'un des bitumes retirés de ce lac, ils le mélangent avec de l'huile d'olive, et quand ils taillent leurs vignes, c'est-à-dire qu'ils retranchent au voisinage des yeux qui commencent à paraître, ils prennent un peu de ce bitume dissous dans de l'huile, et à chaque bourgeon ils trempent un morceau de bois de la grosseur du doigt dans cette dissolution de bitume, et tracent à côté et en bas de chacun une ligne circulaire, tant sur le jet que sur le cep et la souche de la vigne, et cela, pour empêcher que les vers n'atteignent les bourgeons de la vigne et ne les rongent. Grâce à cette précaution, leurs vignes sont assurées contre les ravages des vers. S'ils négligent de le faire, les vers montent aux bourgeons de la vigne, en font leur pâture et détruisent à la fois les feuilles et les fruits..... »

Ce système de traitement s'est maintenu à travers les siècles jusqu'à

(1) Comptes rendus de l'Académie des Sciences, 20 janvier 1879.

(2) « .....Catraneum quasi liquor niger et olens ad unguendum camelos propter delendam scabiem valde necessarium, et ad fricandum vites pro expellendis vermibus consumptoribus earum. »

(3) Leclère. — Sur l'emploi du bitume de Judée, dans l'antiquité, comme préservateur de la vigne (Comptes rendus de l'Académie des Sciences, 1882, tome 94, p. 704).

notre époque ; voici en effet ce qu'écrivait, en 1887, M. Gennadius, directeur de l'Agriculture de l'île de Chypre, à M. Valéry Mayet (1) :

« Aujourd'hui le *Dactylopius Vitis*, qui est bien certainement l'insecte dont parle Strabon, est combattu victorieusement par le soufre appliqué tout d'abord contre l'Oïdium (??) ; mais, il n'y a pas plus de trente ans, les vignerons grecs de l'Asie Mineure appliquaient un remède qu'ils appelaient *Spartzoma*, et qui consistait en ceci : avec une substance préparée en faisant bouillir de l'asphalte avec du marc d'huile, on peignait un anneau vers la base et tout autour de chaque sarment de la vigne pour empêcher l'insecte de monter et de détruire les bourgeons. Ce traitement se répétait de deux à trois fois pendant le printemps. »

Ce que nous voulons surtout retenir de ces divers documents historiques, — outre l'ancienneté de la Phthiriose et son identité avec le *tôla'at* des Hébreux et le φθεὶρ de Strabon, — c'est la préoccupation constante du système de traitement, affirmé depuis les temps anciens, qui consistait à entourer le tronc ou les bras de la souche d'une glu spéciale obtenue par le mélange de bitume de Judée et d'huile pour empêcher le « ver » de monter des racines aux bourgeons,... à moins que ce ne fût le résultat inverse, d'empêcher sa descente aux racines, que l'on voulût obtenir.

Au temps des Hébreux, au moyen âge, jusqu'aux xe et xiie siècles, le *tôla'at*, le φθεὶρ, le *Dactylopius Vitis* vivait donc constamment sur les bourgeons (rameaux, feuilles et fruits) aussi bien que sur les racines.

Nous avons dit et insisté sur ce fait qu'à l'époque actuelle, dans les régions où nous connaissons l'existence de la Phthiriose : en Palestine, à Jaffa et à Caïffa (Mikweh-Israel, Richon-le-Zion, Sichron-Jacob...), au Liban (à Schtama)..., la vie aérienne, sur les rameaux, du *Dactylopius Vitis*, du *tôla'at*, n'était presque plus constatée. Il nous paraît donc nettement acquis que peu à peu la Cochenille blanche a fini par vivre dans le sol et par avoir une vie exclusivement souterraine en Syrie, lorsque, au contraire, elle a toujours conservé une vie uniquement aérienne en Europe et sur le continent du nord de l'Afrique.

Cette fixation de la vie souterraine pour le *D. Vitis* en Palestine est donc un fait acquis. A quoi est dû ce phénomène ? Tout ce que nous avons dit dans ce travail prouve, d'une façon indiscutable, que la vie du *D. Vitis* asiatique n'est souterraine que parce que l'extrême sécheresse et l'extrême chaleur du climat syrien obligent l'insecte, à l'époque actuelle, à se réfugier dans le sol où il se protège encore par son association symbiotique avec le *Bornetina Corium*. Depuis l'époque hébraïque, il y a donc eu un changement progressif

(1) Valéry Mayet. Les insectes de la vigne (1890, p. 42).

dans les mœurs de la Cochenille blanche en Palestine ; cela n'est pas douteux. Mais ce changement de mœurs n'est et ne peut être que le résultat d'un changement dans les conditions climatériques du pays, et il confirme l'opinion, admise par beaucoup de géographes et de talmudistes, du changement de climat survenu en Syrie depuis l'époque hébraïque.

Sans doute, on trouve en Syrie, entre la dépression tropicale du Jourdain (le Ghor) et le continent littoral jusqu'aux sommets du Liban (3.210 mètres), ou des montagnes de la Judée et du Hauran (938 mètres et 1.720 mètres), des régions climatériques variées, mais la variation dans l'état hygrométrique du climat syrien comparée à celle actuelle n'est pas douteuse. Voici ce qu'en dit Élisée Reclus (1) :

« Les météorologistes se demandent si le climat du *littoral syrien et de la Palestine* ne s'est pas légèrement modifié depuis l'époque où la contrée était deux ou trois fois plus peuplée que de nos jours. Assurément, la température est à peu près restée la même, puisque la limite septentrionale de la zone où mûrissent les dattiers et la limite méridionale des vignes coïncident encore sur les bords du Jourdain ; dans le Ghôr (plaine du Jourdain), une température de 21° à 21°,5 s'est donc maintenue depuis vingt-cinq siècles. Toutefois, dans un pays dont le relief est si accidenté, il se peut que les limites des aires végétales se soient légèrement déplacées en hauteur sans que les annales permettent de le constater... Autrefois, aussi bien que dans ce siècle, les eaux fluviales étaient fréquemment insuffisantes pour les cultures... Les prières se faisaient à la même époque pour implorer la pluie, en octobre, où tombent ordinairement les premières averses, et en avril, où l'on s'attend aux pluies de printemps ; mais, si désireux que fussent les habitants de voir des pluies abondantes féconder leurs cultures, l'aspect même du pays semble prouver que ces contrées « découlant de lait et de miel » *avaient jadis un climat plus humide*. Les auteurs s'accordent à dire que la Palestine était couverte de forêts sur une grande partie de son étendue ; maintenant elles ont entièrement disparu... Les cultures s'étendaient autrefois bien au delà des limites actuelles ; jusqu'en plein désert, où l'eau nécessaire à l'irrigation manquerait aujourd'hui, on voit les traces d'anciennes plantations. La Palestine entière, actuellement si aride et si pierreuse dans toute la région méridionale, était couverte de végétation.... Du moins, si la Syrie et la Palestine ont changé de climat, si l'atmosphère y est, comme dans toute l'Asie Antérieure, devenue moins humide, la salubrité générale s'y est maintenue... »

Dans la *Vie de Jésus* (2), Ernest Renan parle du climat de la Galilée dans les termes suivants :

« La Galilée était un pays très vert, très ombragé, très souriant, le vrai pays du Cantique des Cantiques et des chansons du Bien-Aimé. » *Et en note* (même page) : « L'horrible état où le pays (3) est réduit, surtout près du lac de Tibériade,

(1) Élisée Reclus. Nouvelle Géographie universelle, IX. L'Asie Antérieure (1884, p. 740-741).
(2) Ernest Renan. *Vie de Jésus* (12e édition, 1864, p. 64).
(3) En 1861, époque à laquelle Ernest Renan visitait la Galilée.

ne doit pas faire illusion. Ces pays, maintenant brûlés, ont été autrefois des paradis terrestres. Les bains de Tibériade, qui sont aujourd'hui un affreux séjour, ont été autrefois le plus bel endroit de la Galilée (Jos., *Ant.*, XVIII, II, 3). Josèphe (*Bell. Jud.*, III, x, 8) vante les beaux arbres de la plaine de Génésareth, où il n'y en a plus un seul. Antonin Martyr, vers l'an 600, cinquante ans par conséquent avant l'invasion musulmane, trouve encore la Galilée couverte de plantations délicieuses et compare sa fertilité à celle de l'Égypte (*Itin.*, § 5). »

S. Munk (1) discute la question de la population des Hébreux en Palestine et donne comme probable le chiffre de cinq millions d'habitants pour la Judée, chiffre qui était encore de quatre millions au temps de Titus; il ajoute : « Strabon dit que les seuls territoires de Jamnia et de Joppe (Jaffa) pouvaient armer 40.000 hommes. » Pour nourrir une population aussi dense, il fallait que les produits de la culture fussent d'une abondance possible sous un climat moins sec et dans des sols moins arides que ceux d'aujourd'hui.

En bornant là les citations sur la variation climatérique certaine de la Palestine, nous ajouterons cependant que ce changement de climat a pu survenir à la suite de causes locales (déboisement, etc.), mais qu'il peut tenir aussi à des causes plus générales. M. A. de Lapparent, membre de l'Institut, nous répond à une de nos demandes sur cette question :

« Voici ce que je pense au sujet du dessèchement progressif des régions de l'Asie centrale et orientale : La météorologie nous enseigne que le régime des vents de sud-ouest, qui prévaut en gros sur l'Europe, a pour contre-partie un régime de vents de nord-est, ayant pour origine l'anticyclone de la Sibérie orientale, et balayant tout l'ancien monde en écharpe, depuis la Mongolie, par le Turkestan, la Perse, la Syrie, la Palestine, l'Égypte et le Sahara, jusques et y compris les îles du Cap-Vert. Sur toute cette étendue, les vents sont desséchants, d'abord parce qu'ils se réchauffent en descendant vers les tropiques, ensuite parce que la quantité d'eau qui tombe est partout inférieure à ce que 'évaporation est capable d'enlever chaque année.

« D'autre part, la géologie nous apprend que toutes les régions aujourd'hui balayées par le courant desséchant étaient encore, à la fin des temps tertiaires, occupées par de grandes nappes d'eau douce, qui se sont peu à peu morcelées et asséchées, sans que le déboisement et l'intervention de l'homme aient été pour rien dans ce résultat. Depuis que les Russes occupent le Turkestan, la diminution survenue dans les pluies est déjà sensible, et on constate un retrait des glaciers, qui d'ailleurs, à l'époque quaternaire, couvraient tout le Pamir.

« Il ne me paraît donc pas douteux qu'il n'y ait, de nos jours encore, une

S. Munck. L'Univers : Palestine; description géographique, historique et archéologique (Paris, Didot, 1845, p. 15 et 16).

accentuation du dessèchement de cette grande zone ; et si l'homme, par des déboisements inconsidérés, a pu activer un peu la marche du phénomène, il n'est pour rien dans la cause première, celle qui a suffi pour provoquer la disparition de toutes les nappes d'eau qui couvraient l'Asie orientale, l'Asie centrale et même une partie de la Chine à l'époque du tertiaire supérieur. »

Il est encore un fait viticole que nous devons signaler dans l'étude de cette question du changement du climat en Palestine. La fête des *Tabernacles* ou des *Cabanes* indiquait, pour les Hébreux (1), « la fin de toutes les récoltes, la rentrée de tous les fruits des arbres et de la vigne ». Cette fête coïncidait avec les premiers jours d'octobre ; c'était donc fin septembre ou commencement octobre qu'avaient lieu les vendanges et que se produisait la maturation des fruits de la vigne. Or les cépages indigènes de la Palestine (Hebron, Coudsi, Djeudalli, Schobani, Zitania...) y mûrissent au plus tard fin août, presque un mois avant la fête hébraïque des Tabernacles, donc un mois avant l'époque à laquelle ils mûrissaient au moment où la Cochenille blanche, sous un climat alors moins aride et plus humide, vivait encore sur les rameaux.

Il ne nous paraît donc pas douteux, — et l'expérience de laboratoire que nous avons rapportée plus haut en serait seule une preuve certaine, — que le *tôla'at* des Hébreux, le *Dactylopius Vitis*, n'a, à l'époque actuelle, une vie exclusivement souterraine en Palestine, et n'a plus sa vie de jadis en partie aérienne, que parce que le climat a été modifié et est devenu localement plus chaud et surtout plus sec.

L. Mangin et P. Viala.

BIBLIOTHÈQUE NATIONALE IMPRIMÉS

(*Juin* 1903.)

(1) S. Munk, *loc. cit.*, p. 188.

ERRATA

Page 22 — ligne 33 — au lieu de : exclusivement *aérienne*, lire : exclusivement *souterraine*.

Page 31 — ligne 2 — au lieu de *phthriosée*, lire *phthiriosée*.

Page 35 — figure 18, ligne 3, au lieu de *Bornetia*, lire : *Bornetina*.

Page 39 — figure 20, ligne 3 — au lieu de Cochenilles; *c*, *o*, galeries, lire : Cochenilles *c* ; *o*, galeries.

Note. — Les textes hébreux ont été composés par l'*Imprimerie nationale*. — La carte de la Palestine a été dressée d'après l'*Asie Antérieure* d'Élisée Reclus (librairie Hachette).

TABLE DES FIGURES

BIBLIOTHÈQUE NATIONALE IMPRIMÉS

TABLE DES MATIÈRES

LA PHTHIRIOSE

BIBLIOTHÈQUE NATIONALE RF IMPRIMÉS

PARIS. — IMPRIMERIE F. LEVÉ, 17, RUE CASSETTE.

" REVUE DE VITICULTURE "

BIBLIOTHEQUE NATIONALE DE FRANCE
3 7531 03987252 9

www.ingramcontent.com/pod-product-compliance
Ingram Content Group UK Ltd.
Pitfield, Milton Keynes, MK11 3LW, UK
UKHW020343230726
13925UKWH00003B/934